U0747824

PINGMIANGOUCHENG

KONGJIANGOUCHENG

SECAIGOUCHENG

TUANGOUCHENG

LITIGOUCHENG

许楗 | 副主编 周冰

Book Series
Five Components of the Art of Design

艺术设计五大构成系列丛书 张艳 编著

空间构成

西安交通大学出版社
XI'AN JIAOTONG UNIVERSITY PRESS

图书在版编目(CIP)数据

空间构成 / 张艳编著. —西安:西安交通大学出版社,
2011.12(2015.2重印)
(艺术设计五大构成系列丛书)
ISBN 978 - 7 - 5605 - 3783 - 2

Ⅰ. ①空… Ⅱ. ①张… Ⅲ. ①空间设计 Ⅳ. ①TU206

中国版本图书馆 CIP 数据核字(2010)第 229744 号

书　　名	空间构成	
编　　著	张　艳	
责任编辑	宋庆庆	

出版发行	西安交通大学出版社
	(西安市兴庆南路 10 号　邮政编码 710049)
网　　址	http://www.xjtupress.com
电　　话	(029)82668357　82667874(发行中心)
	(029)82668315　82669096(总编办)
传　　真	(029)82668280
印　　刷	西安明瑞印务有限公司

开　　本	889mm×1194mm　1/16	印张　7.75	字数　187 千字		
版次印次	2011 年 12 月第 1 版　　2015 年 2 月第 3 次印刷				
书　　号	ISBN 978 - 7 - 5605 - 3783 - 2/TU・42				
定　　价	48.00 元				

读者购书、书店添货、如发现印装质量问题,请与本社发行中心联系、调换。
订购热线:(029)82665248　(029)82665249
投稿热线:(029)82664954
读者信箱:jdlgy@yahoo.cn

Contents目录

序言 Preface

　　在现代设计教学领域中，构成理论打破了传统的设计基础教学模式，在美学价值、设计理念、思维方式、表现手法等方面形成了设计基础新的教学模式。

　　构成原理遵循的是抽象的思维方式，用抽象的视觉语言来表达理性和数理逻辑并赋予其美学价值，表达的是一种严谨性、规律性和秩序性的美，同时也蕴含着丰富的想象空间。

　　在构成教学体系中，构成是物体形态设计的基础，一方面让学生学会运用造型的基本元素，按照构成规律和形式美法则进行组合，另一方面对三维空间和材料运用展开探索和研究。由于构成伴随着各种设计的活动而产生，很自然地成为现代设计的重要基础学科。

　　本书作者们从事构成教学与实践工作多年，积累有丰富的经验。书中将实践的体验上升到理论加以阐述，行文流畅、深入浅出、图文并茂、有的放矢，具有一定的知识性、可读性与可操作性。成为一本具有较强针对性的基础教学读物。为此，欣然作序。

第一节　构成的渊源

十九世纪，欧洲工业革命开始得到发展，但宫廷艺术的公式化、概念化、繁琐堆砌的表现形式严重阻碍了当时艺术的发展进程。1919年4月，德国威玛市立美术学院与工艺美术学校合并，创建"国立威玛建筑学校"，建筑家W·格罗皮乌斯任校长，他们提出了新的教学口号——艺术与技术的新统一，并采用新的教学内容和教学方法，主要体现在要加强设计的理论基础和现代美学思想教育，并发表了"包豪斯宣言"，以此作为他们改革的最终理想和奋斗目标。宣言的内容大意是："完整的建筑物是视觉艺术的最终目标，艺术家最重要的职责是美化建筑。今天，他们各自孤立地生存着，只有通过自觉的、并和所有工艺技师共同奋斗才能得以自救。建筑师、画家和雕塑家必须重新认识，一栋建筑是各类美感共同组合的实体，只有这样，他的作品才可能灌注进建筑精神，以免流为'沙龙艺术'"。同时还提出"建筑家、雕刻家和画家们，我们应该转向应用艺术。"

包豪斯设计所涵盖的内容有建筑（侧重土木）、装潢（侧重广告）、编织、陶器、舞台设计等。开设的课程有：观察课（自然与材料的研究）、绘图课（几何研究、结构练习、制图、模型制作）、构成课（体积、色彩与设计的研究）。从设计研究的角度来看，包豪斯艺术在当时来说确实是比较新的，它注重了理论与实践的结合，对设计学科所涉及的内容也相对较为广泛，学生对社会专业的适应性较强，因此它培养的学生受到社会的普遍欢迎。特别是他们主张以建筑为中心，设计必须联系到与建筑有关的各个方面，并强调空间、时间、物质与精神；讲求从实际出发，为人们生活所用而进行设计；建筑设计的内部空间划分要以人的衣食住行等生活习惯为设计标准；认为设计要具有合理性，要把生产和实用结合起来，这是从理论到实践、艺术与生产、保证设计质量的关键；发现抽象艺术对工艺美术的潜在作用，反对摹仿，将原来的反映论发展到了创造论；同时将视觉审美上升到触觉审美，重视材质的美感作用；这些相关概念的提出，对当时的设计起到了重要的指导作用。包豪斯教师们所发表的作品、论文、指导实践等，如康定斯基的《平面上的点与线》、W·格罗皮乌斯的《国际性建筑》、那基的《建筑材料》、伊顿的《色彩学》等都为现代的各类艺术设计奠定了坚实的基础。

第二节 空间构成的概念

一、空间的概念

所谓空间的定义是指由地平面、垂直面以及顶平面单独或共同组合而成的，具有实在意义的或暗示性的范围围合。在围合形态中，边界越弱，作为创造空间的依据性就越不明确，而且空间的平面性将会更加突出、更加清晰。

从人类行为活动的特征来看，与人有关的空间涵盖了一个城市、街道、广场、公园、花园、建筑等相关领域的概念。因此可以说凡是经过人们有意识行为地去围合限定的，具有一定组织规划的空间形态部分，并且带有人类认知和理解的感受的空间，我们统称为空间感。

在我国，人们对空间的创造和认识自旧石器时代开始至今就从未停止过。原始社会西安半坡村的方形、圆形居住处所就已经考虑按使用需要和要求将室内作出分隔，在圆形居住空间入口处两侧，就有意识设置了一道起引导气流作用的短墙。随着历史进程的推移，中国古人对空间的认识先后经历空间序列严谨规正的商朝宫室；春秋时期老子提出的"有"与"无"的空间围合关系；唐朝木建筑结构所形成的严谨开朗的空间感觉；直至我们见到现存的宋、元、明、清序列明晰，层次分明的古代建筑群落，无一不是在向我们展示我国古人在不同时期、不同社会、不同地域中对自己周围环境的认识和理解运用。

剖面 复原想象

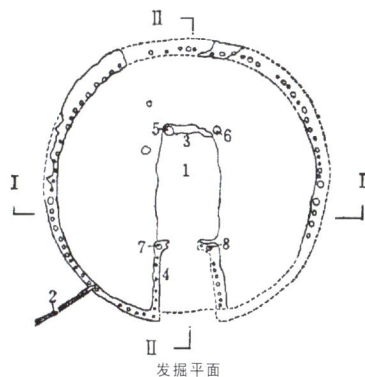

发掘平面

西安半坡圆形居住平面及复原想象剖面图

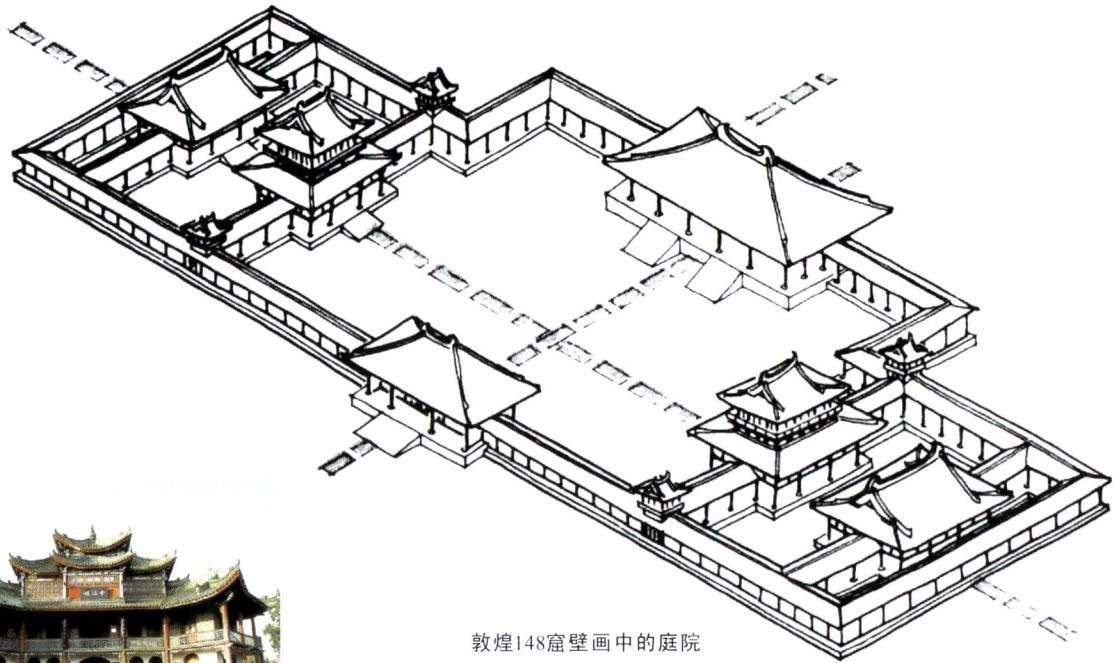

敦煌148窟壁画中的庭院

紫禁城内有大小宫殿70多座、房屋9000多间。这些宫殿沿着一条南北向的中轴线排列，并向两旁展开，南北取直、东西对称。这条中轴线不仅贯穿在紫禁城内，而且南达永定门、北到钟鼓楼，全长约8公里，贯穿了整个北京城，象征着皇权的皇帝宝座就在这条线的中心点上。整个建筑规划严整、规模壮观，集中体现了中国古代建筑艺术的优秀传统和独特风格。

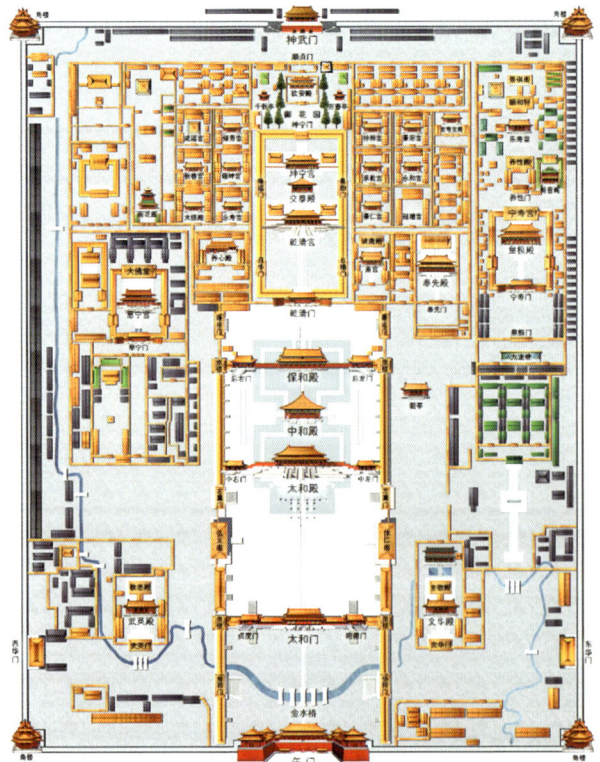

北京故宫博物院（紫禁城）　平面图

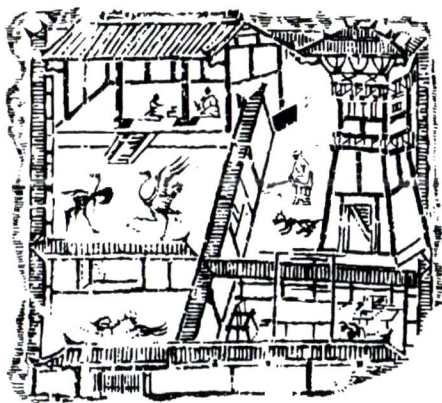

汉画像砖中的庭院、房屋

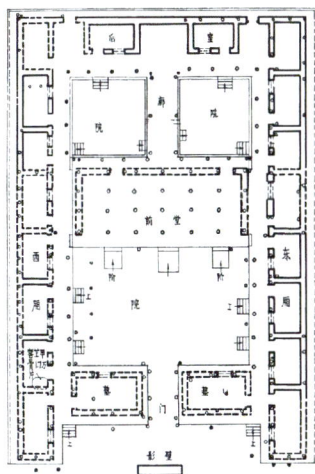

岐山凤雏村西周建筑遗址平面

　　在西方因文化背景和地域的差异，也遗留下来大量的、形态纷呈的建筑造型和空间艺术瑰宝，如古埃及金字塔、古希腊雅典卫城建筑群和古罗马竞技场等。在12～18世纪，由于社会的变革，各种艺术门类也受到了巨大的影响和冲击，由此产生了哥特式、巴洛克和洛可可式等特点鲜明的建筑设计流派，其中像圣彼得大教堂、巴黎圣母院、凡尔赛宫等均达到传统建筑艺术设计的至高点。

二、空间的分类

1. 环境空间

　　环境中的宇宙空间是无限的，而我们所指的环境空间有两个意义范畴，首先可以考虑是按照人的意图被划分出来的，应该属于人工创造的产物；第二个仍然属于自然形态的东西。这两者并不是一开始就和谐相处的，因而就需要我们去努力协调这两种关系，使它们巧妙相结合，组成一个有机的统一体，充分显示出它的存在价值和艺术表现力。

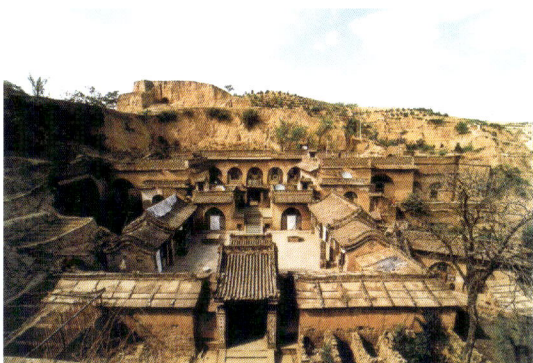

2. 建筑空间

由于各建筑造型要素的特殊魅力以及相互组合形成的形态各异的建筑空间形式的存在，就为人们提供一处能够进入其中进行生活与工作的处所环境。因此在功能上它必须有结构实体来完成，并能与人的生活和谐地融合在一起。人类因为在其内部活动，就会产生一种空间感，就会有意识地对空间进行再创造和再利用。这种空间感包括对空间的形状、容积、范围大小与空间限定程度所产生的封闭感和开敞感，以及对形态引起的视觉效应所反映出的社会心理、民族心理、审美心理、物理效应等感触。

3. 室内空间

　　室内空间是构成建筑空间中各基本要素里起主导作用的要素之一，它是建筑的灵魂，是人与环境的联系，是人类艺术与物质文明的结合。它的特定功能用途、空间数量、形状、大小和相互关系等，决定了构成建筑实体的材料品类、各构件的数量、尺寸及结构与构造方式，也直接影响着建筑内部形象和外部形象的总体造型。我国前辈建筑师戴念慈先生认为："建筑设计的出发点和着眼点是内涵的建筑空间，把空间效果作为建筑艺术追求的目标，而界面、门窗是构成空间必要的从属部分。从属部分是构成空间的物质基础，并对内涵空间使用的观感起决定性作用，然而毕竟是从属部分。至于外形只是构成内涵空间的必然结果。"这为我们研究室内空间设计提供了一个思考点位。

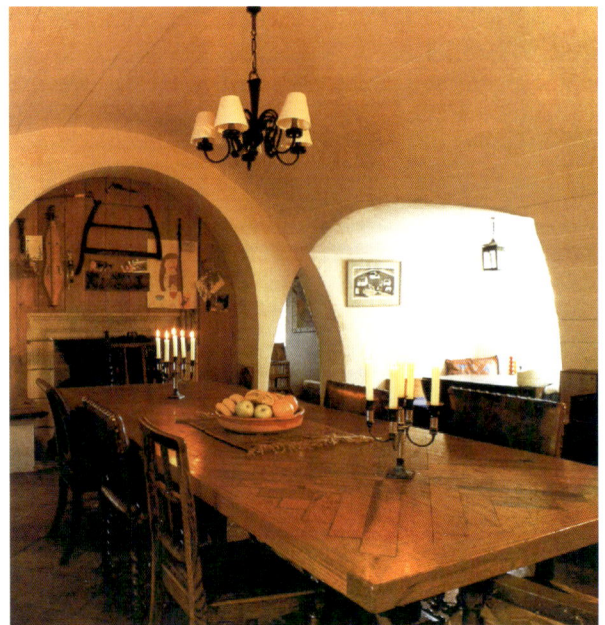

三、空间构成的概念和意义

1. 空间构成的概念

　　空间构成是创造空间形式并阐明各空间相互关系的一种构成设计，也是利用三大基本构成面（即：水平面、垂直面、顶平面），在环境中，通过各种处理手段，运用不同的美学规律，以人的活动为基本设计依据，将多种变化方式相互组合形成的，具有不同触动感的空间形态。

2. 空间构成的意义

　　空间构成学习的意义在于，对艺术设计者进行综合艺术创造能力的培养，通过对构思方式以及形象思维和逻辑思维的锻炼，使艺术设计者具备分析各类空间造型要素的能力，对各类造型要素产生各种不同触觉的美感识别和敏锐的感性美的扑捉能力，并把这种感触能力通过一定的材料进行体现。在对各类空间进行设计创造时，反映出空间创造所需要的各类综合能力及技巧，其中技巧的表现反映在对材料、工具、技术和经验的认知上。因此，通过对空间构成全方位的学习与训练，最终完成对不同造型空间的认识与理解的学习目的，以提高个人的综合审美能力为最终目标。

第一节 空间构成的要素

一、点

1. 点的定义

在几何上把两条线的交叉处称为点，在空间中点表示的是一个位置，是最简洁的造型要素，是设计语言中最小的单位。

点在空间中进行设计时必须具备大小、体积、形态的特征，同时要有明确的方向引导特性才符合空间设计意义上的点。

2. 点的特性

点在空间中具有极强的吸引视觉注意力的特点，并能引起空间紧张感。

◆利用它是设计语言中最小单位的特征，通过各种手段，能组成不同空间形式，创造出不同的空间触动感。

◆利用连续的点可以创造出空间中虚体的一条线。

◆利用等间距排列的点可以创造出一个虚体的面。

◆利用不同形式点的排列组合，创造出各种节奏性空间和时间性空间。

3. 点的空间构成方法

（1）点和它所处的空间之间，形成一种视觉上的紧张关系。

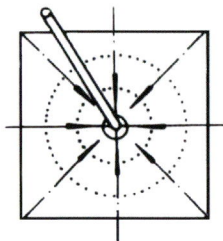

利用吊灯构成视觉的中心，创造空间层次感。

景观设计中的休息亭，也可以当作景观空间中的点要素来进行空间处理。

（2）当一个点偏离中心时，它所创造的空间就带有一定的动感，并成为视觉绝对控制中心的角色。

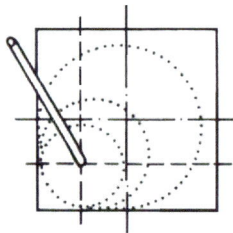

（3）点在空间里或地平面上如果要明显地标出位置，必须把点投影成一个垂直的线要素，如一根柱子或者是塔。应该注意，一个柱状的要素，在平面上是被看作一个点的，因此它还保持着点的视觉特征。在空间中具有点的视觉特征的派生形式还有：圆、圆柱体、球体等。

（4）两点连接起来是一条线。虽然两点的限定使此线的长度有了一定的限制，但此线也可以被认定为是一条无限长轴上的一个线段。

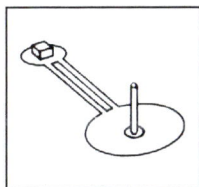

（5）在空间中，由柱状要素或集中式要素所形成的两个点，可以限定一条轴线，这条轴线可以是无形的，这是中国传统建筑群落中惯用的手法，用它来组合建筑形式和空间形态。

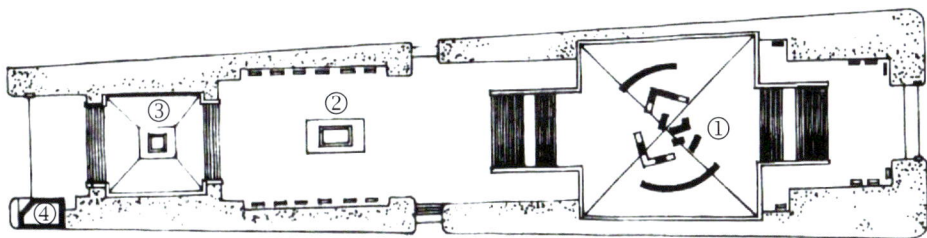

解放碑纪念广场平面图　①主碑　②铜马雕塑　③碑文　④管理
各景观点沿设计轴线作直线排列，空间中主体标志物位于整体轴线的主要位置

二、线

1. 线的定义

点的移动轨迹称为线。点排列得越紧凑越密集，线的特性越强。点排列得相对分散些，就会形成心理中的引导线，但如果两点间的距离过于长，则线的引导性降弱。因此，线在空间中有极强的方向性和引导性，因而在空间中通常借用一条线来描述一个点的运动轨迹。

2. 线的特征

（1）利用曲线的特性进行空间的创造

曲线是设计中运用最广泛的自然形式之一，在空间的构成表达形象中，带有神秘感。

◆当处于水平面上时具有时隐时现和起伏感，在垂直面会形成上下波动的形式。

◆一个平直的线在空间中缺乏垂直限定因素，利用起伏的斜坡和高点占据了垂直面的一部分，从而形成了空间感，并且随之带来限制和封闭空间。

◆曲线斜坡越陡越高，空间感越强。另外曲线能带给空间以松散的、非正式的气氛。

（2）利用直线进行空间的创造和引导

一般来说自然空间形态可以用一个软质的随机边界或一个硬质（如断裂岩石）的随机边界来表示。而一个人处在一个直线地面上会比任何一个平面形态变化的曲面都具有安全感。在空间中，常见到的直线有垂直线、水平线和斜线三种形式。垂直线与水平线有助于提高视觉上的高度与开阔度，但使用过多就会产生单调感。而斜线在空间中具有运动感，但如果遇到两条线相会，就具有了运动停止性，如果能将这种斜线的形式连续运用，就又具有了空间中连续的运动感。

（3）利用自由线进行空间的创造和丰富

自由线的起止不像直线、曲线的运动有一定的规律可循，因此，自由线在空间中突然中断不会造成不完整、不舒适的感觉，而且由于它产生的动态效果，使得整体空间显得更加生动活跃。

3. 线的空间构成法

（1）一条线的方向影响着它在视觉构成中所发挥的作用。偏离水平或垂直的线称之为斜线。斜线可以看作垂直线正在倾倒或水平线正在升起的一种运动状态。不论是垂直线向地上一点点地倒下，还是水平线向天空的某处渐渐地升起，斜线都是动态的，是视觉上的活跃因素，因为它处于不平衡的状态，因此合理地运用斜线是处理动态空间中最有效的手段之一。

（2）一条垂直线可以表达一种围合或限定，表示重力平衡的一种状态，也可以表现人的一种活动状况，或者标识出空间中的一个元素的位置。垂直的线要素，如柱子、方尖碑和塔，在历史上已被广泛应用，多用来表现纪念性的重大事件，在空间中已形成特定的空间设计语言。

垂直的线要素可以限定一个明确的空间形状。一般可以利用它的视觉紧张感或空间心理引导线来完成不同的空间状态。

在空间形态设计中可以利用线的不同构成形态，创造出不同的空间感触。

◆表现穿越空间的形态，带有运动感。

◆为各个界面提供支撑，并形成和限定空间。

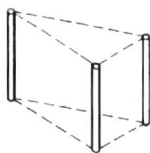

◆形成三度的结构框架以包容其内部空间。

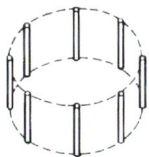

（3） 曲线在空间表现中具有极强的向心性，根据不同的曲线围合形状，其向心性也会根据围合的空间形态发生改变。

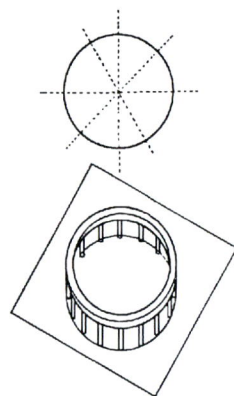

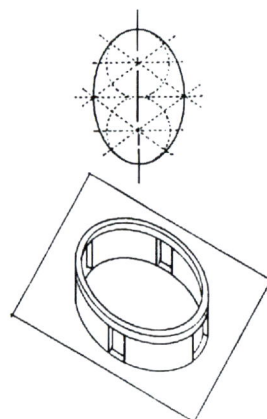

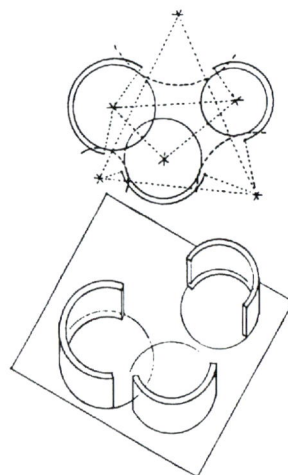

（4）在空间设计中，一条线可以是假想的构成要素而不是一条真实可见的形态。轴线就是一个例子，它是空间中两个彼此分离的点之间建立起的视觉控制线。在轴线控制中各个要素则服从于轴线对称布置，或有规律地进行规划安排。

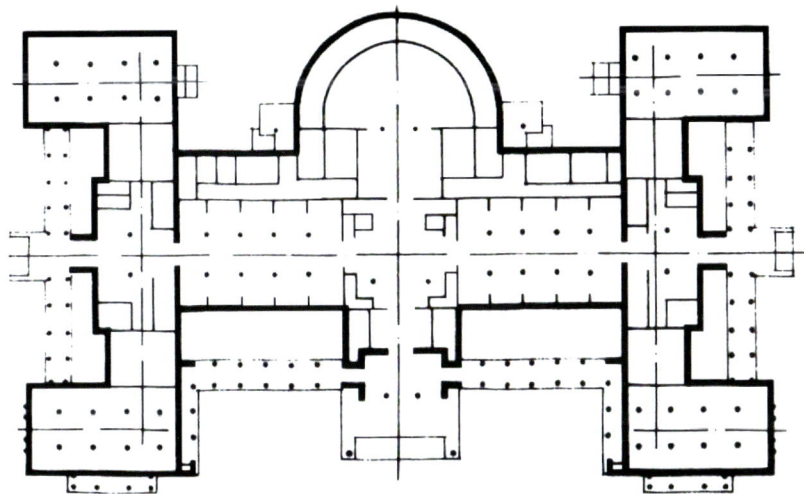

中国美术馆平面图
轴线绝对对称的室内空间形态代表

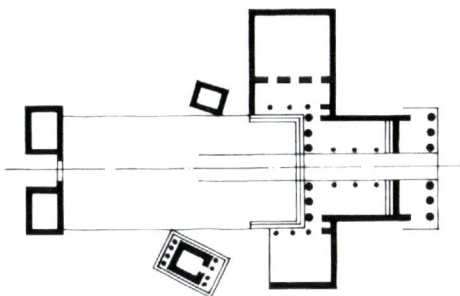

希腊雅典卫城
轴线相对对称的形态之一

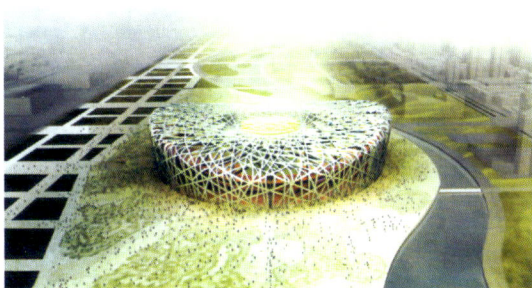

三、面

1. 面的定义

面是线的移动轨迹。当线被移动时，就会形成二维的平面或表面。在空间中的面只有大小和厚薄之分，这个表面的外形就是它的形状。当面的形态超越一定的厚度尺度时，就转化为体。

面在空间中的形态通常是以各个界面的形式和状态来决定的，不论平面还是曲面，均比点要素和线要素有更明确的空间占有感。

2. 面的特性

具有极强的创造力。

（1）形成各个空间界面

◆ 面在空间中具有分割与围合限定空间的重要功能。

◆ 利用不同的空间形态和材质能产生出各种形式的虚面体与实面体。

（2）各个空间界面的形状能带给人不同的空间感触。

◆ 圆形是一种紧凑而内向的形状，它表现出形状的一致性、连续性和构图的严谨性。它在空间中具有稳定和以我为中心的特性。

◆ 三角形表现稳定感。当站立在三角形一边的中心时，它显现出稳定感；当移动到其中一个顶点时，它就处于一种不稳定状态或动态之中。由于三角形的三个角是可变的，三角形比起正方形或矩形更加灵活多变。同时三角形还可以进行形状组合，从而形成方形、矩形以及其它各种多边形。

◆ 正方形表现出单纯与理性。它的四个角和四条边显现出规整和清晰的外在形态。但它在空间中没有暗示性和指引方向性。而且各种矩形都可以看成是正方形的变形。尽管矩形的稳定性可能使人感到单调乏味，但借助于改变它们的大小、比例、色彩、质地、布置方式等因素，可以取得其中丰富多样的变化。

3. 面的空间构成方法

自然界有很多沿直线排列的形体，这些直线的长度和方向带有明显的随机性。

（1）走出平面

所有空间设计都是从平面设计开始的，所谓走出平面，就是在平面设计的基础上将平面图形立体化和空间化，这是我们进行空间设计最初阶段最有效的手段之一。

如 Zaha Hadid 2000年伦敦建筑作品展中的设计作品构思过程。

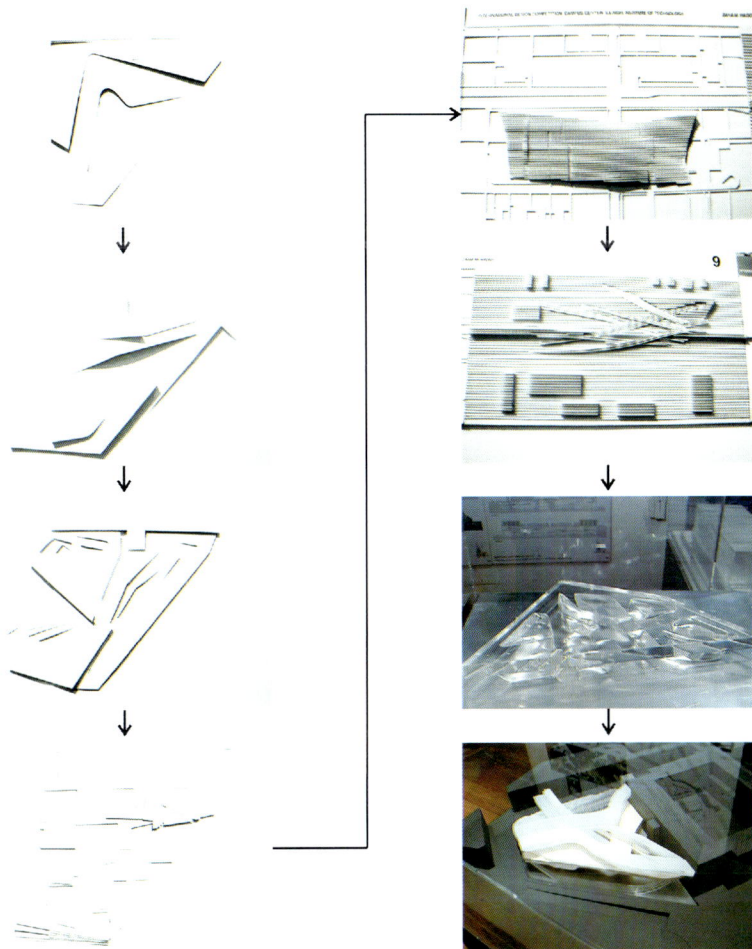

（2）从平面上切割图形构成空间

只要沿平面上的图形线作切割（完全切割断或留一个部分相连），通过折叠、弯曲使之与原平面脱离，并进行新的空间组合。这种空间有极显著的特征：

◆ 它具有平面构图和空间构成的双重意义；

◆ 该空间可以恢复为一个平面；

◆ 该空间具有平面上的负形（被切割后的残余形）和空间中的正形（脱离平面中的形）相呼应的组合关系。如果材料具有一定的厚度，则这一效果更加显著。反过来，这又成为空间构成的思考方式之一。

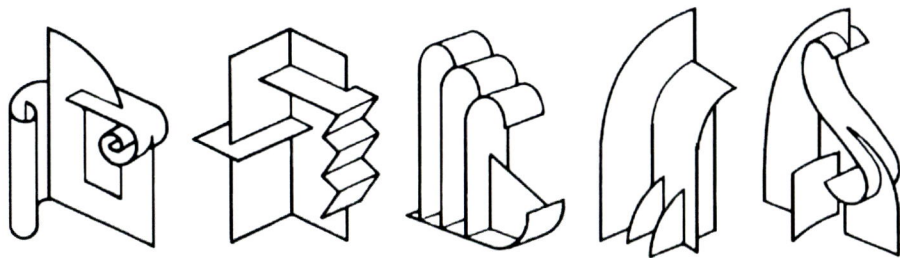

（3）把平面形态作为空间的影像从而想象成为新空间形态。

任何一种实体形态的投影和表象都会反映在一个平面区域内。这个平面区域的构成形态和大小，是根据该物体的特征以及这个物体各部分与其相对应表面所处的位置关系而决定的。一个投影的线，可以表示一条线，也可以表示一个与本空间处于垂直状态的面，或者两种关系互存；一个封闭的投影面内有投影线。有了以上的要素，这个空间必然为一个三维的空间实体。

因此，我们对于许多空间的认识，最早是基于对平面图形的识别上的。于是，只要有一个平面图形就可以利用它，变化出各种立体和空间形态来。

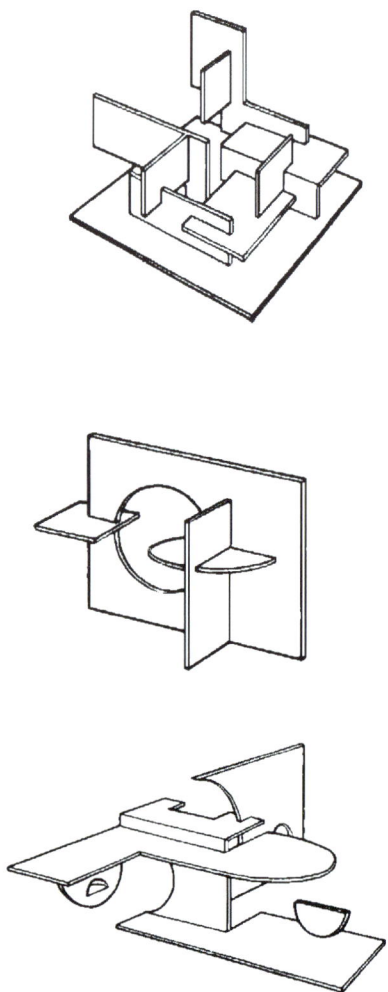

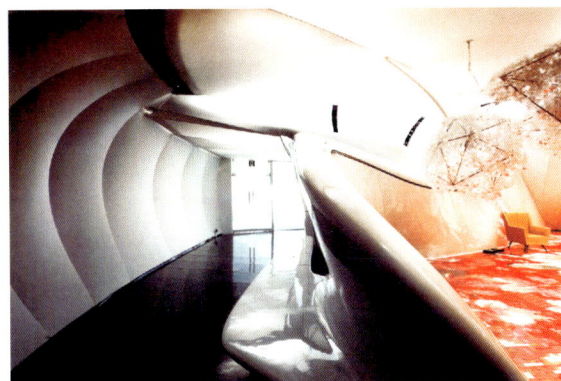

四、体

1. 体的定义

当面被移动时，就形成三维的形体。从概念上讲，一个体块具有一定的体量感，即：长度、宽度、深度和量度。但这个形体可以看成是实心体或空心体，其产生的体量感觉会随着内部空间面积的增大而减小。

2. 体的特性

带有一定的体量感和重量感，因其外形的不同，会产生不同的感受：球体具有运动感；方体具有完整感；三棱锥体具有稳定感。

在单纯的形体上利用体积的消减变形，垂直层面上的变化产生出独特的空间形态。

3. 体的空间构成方法

形是体所具有的基本的可识别的外在特征。它的这一特征是由面的形状和面之间的相互关系所决定的，这些面能表示出体的界限与体的相关外形。所有的体可以被分析和理解为以下部分：

（1）它是由一个点或顶点和几个相同形态和不同形态的面在此相交形成的。

（2）它是线或边界同两面在此相交形成的。

（3）它是面或表面同限定体的界线形成的。

（4）在块体的构成方式中最为常见的造型手段是分割和聚集。分割的手段有：等分分割、比例分割、平行分割、曲面分割、自由分割等。在体块进行分割和聚集后的各个部分成为构成空间的新造型要素，再通过位移、错位等手法重新组合形成新的形体，但必须保持原有的体量感。

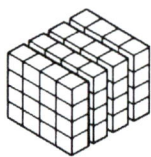 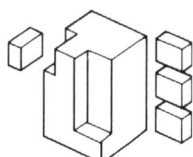   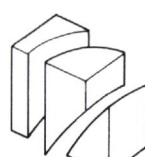

等分分割　　　　比例分割　　　　平行分割　　　　曲面分割　　　　自由分割

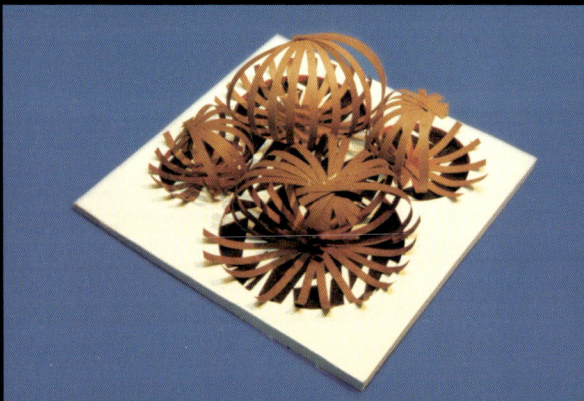
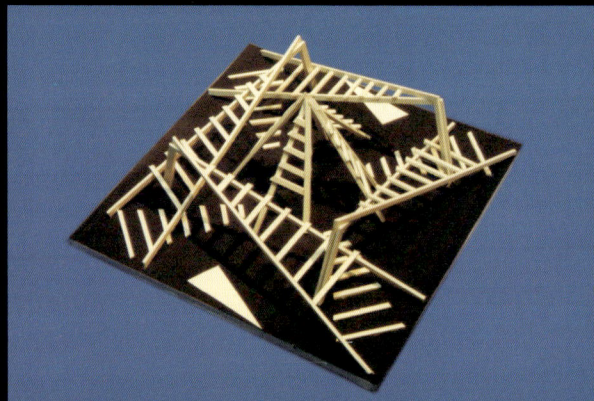
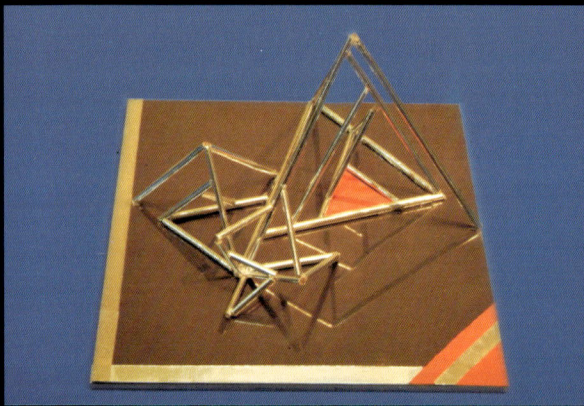
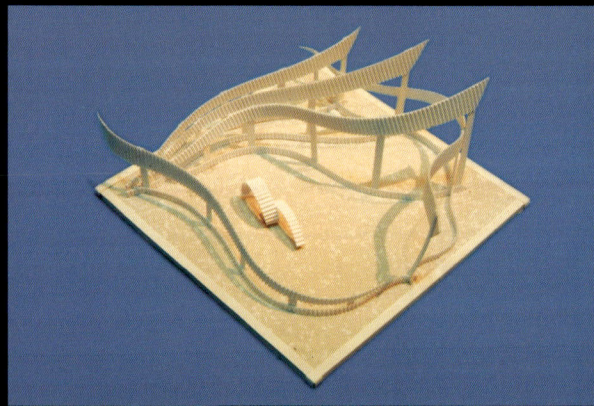

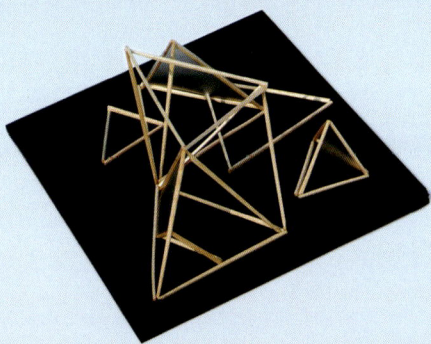

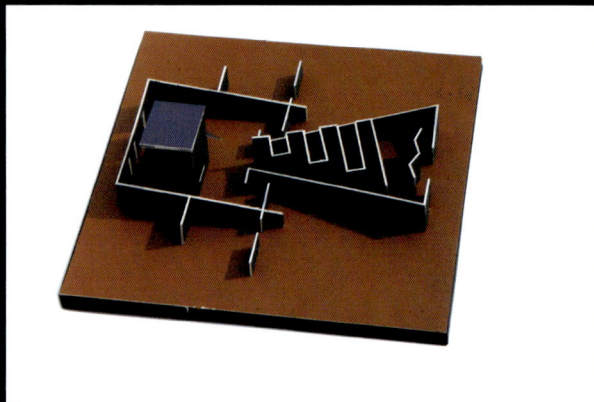

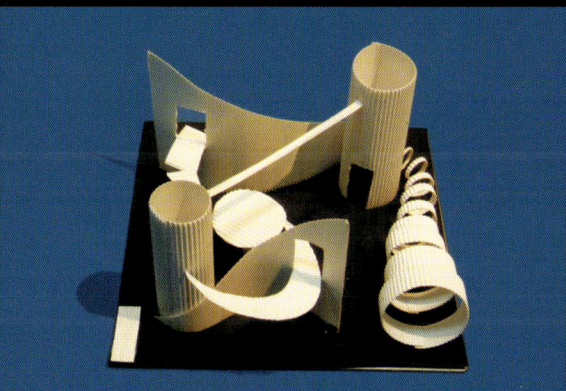

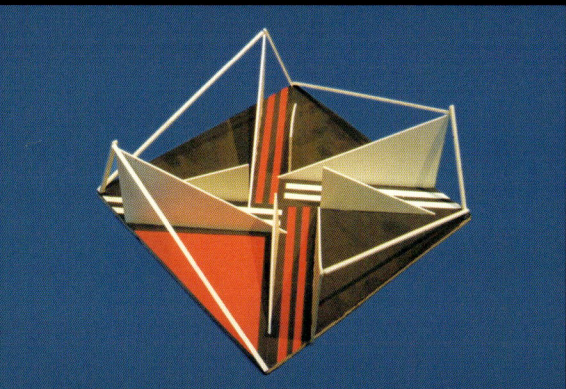

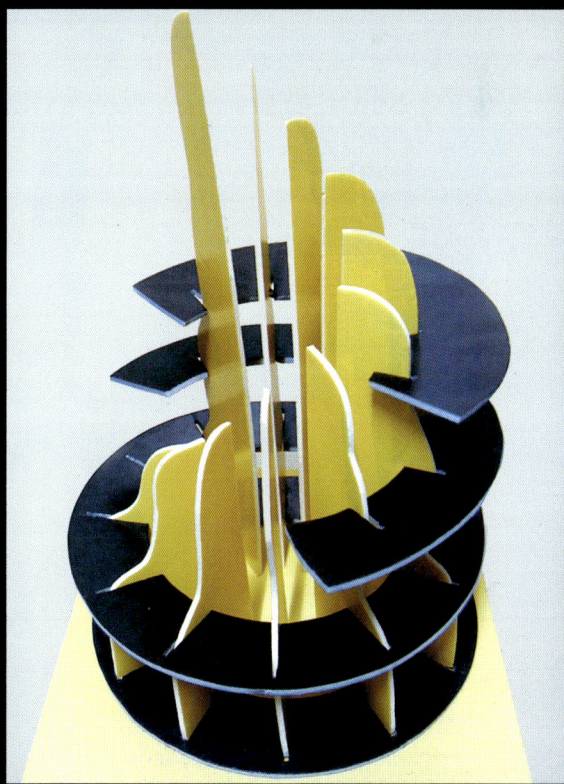

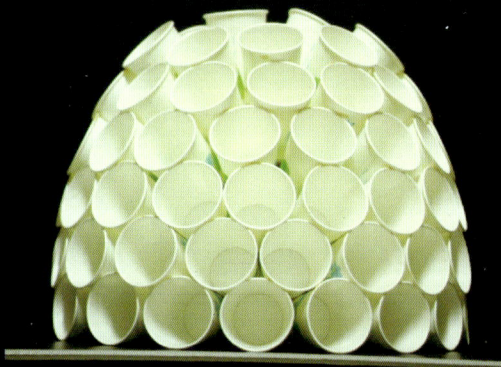

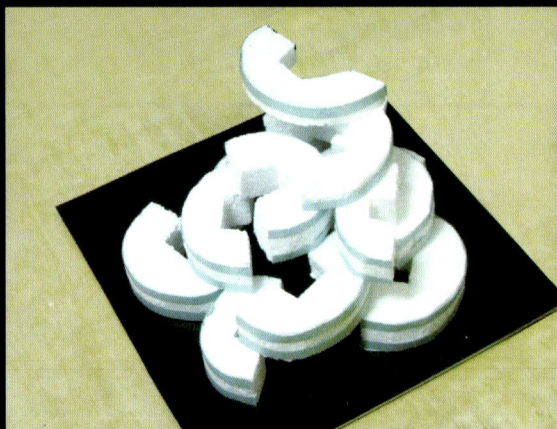

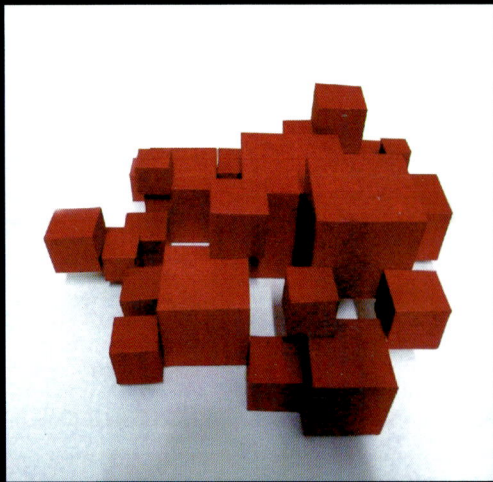

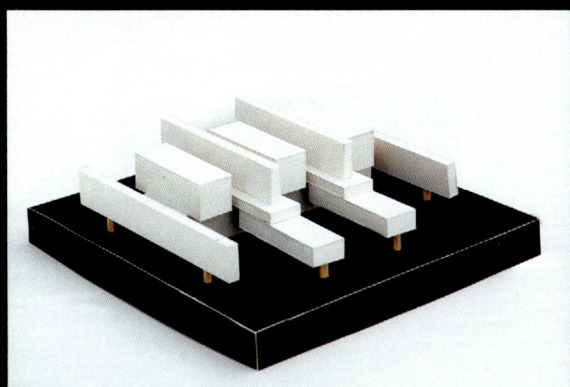

五、运动

当一个三维形体被移动时，就会感觉到运动。一个运动着的物体必然涉及到方向这一重要特征，同时把第四维空间——时间也转化成为了设计元素之一。人的运动是有一定规律可遵循的，人们对环境的反映就是建立在人们寻求、认知特定形态的能力和需求上，这种需求对特定形态要素的感知反应影响着我们的行为特征。一般来讲，空间中的斜线与波浪线能给人以较强的运动感，锐角三角形也类似这种情况，所以当人所处于倾斜的界面中时，就容易产生不稳定的感觉。如位于美国纽约的倾斜式古根海姆博物馆就是现代建筑的典范，它充分彰显了倾斜地平面带来的空间中运动感的威力。在这里，观赏绘画的游人被倾斜的地面缓缓地向前推进，使他们不可能随意长时间地观赏某一件展品，这种空间形式也显示了空间形态对空间秩序的影响。因此对于空间中的运动，在空间组织中有两个要素至关重要，首先需要一个预期的路线指引；其次需要这种指引尽可能从开始就将结束显露出来。

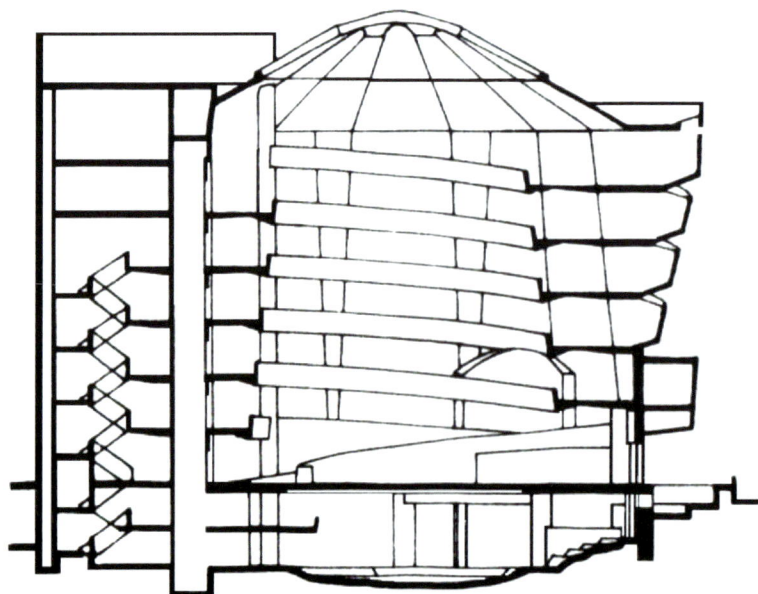

纽约古根海姆博物馆剖面图

纽约古根海姆博物馆全称所罗门·R·古根海姆博物馆（the-Solomon·R·Guggenheim·Museum），是古根海姆美术馆群的总部。由建筑师弗兰克·劳埃德·赖特（Frank·Lloyd·Wright）设计，1947年开始进行设计，1959年建成。建筑外观简洁，运用白色螺旋形混凝土结构，与传统博物馆的建筑风格迥然不同。1969年又增加了一座长方形的3层辅助性建筑，1990年古根海姆博物馆再次增建了一个矩形的附属建筑，形成现在的规模。

六、色彩

所有的物质都有内在的色彩，它们能反射不同的光波，能引起人对空间视觉效果的不同反映，产生出冷暖、远近、轻重、大小等感触。一般来说，暖色系和明度高的色彩具有前进、凸出、接近的效果，能带给人以扩散、扩大的空间感受。而冷色系和明度低的色彩则具有后退、凹入、远离的效果，能带给人以收紧、缩小的空间感受。在空间中明亮的饱和色和任何一种强烈的对比，都能吸引着人们的注意力；灰色和中等明度的色彩效力降低。但某些特定程度的对比明度会促使我们去注意外观与形态。对比的色相和对比的饱和度也能限定出形状，但如果明度太相近，它们对空间的限定就会比较模糊。因此，我们通常可以借助这些色彩的特点去改变空间的大小、高低、尺度、体积和空间感，使各个部分之间的关系更和谐。

在室内空间的色彩处理手法中，一般的做法是运用不等量的明色与暗色，再配上一系列中等范围色系的色彩作为过渡，避免使用等量的明、暗色，除非本意是要作出一种支离破碎的空间效果。

在处理一些组团式建筑空间的色彩设计上，应根据空间形态与环境空间进行详细的分析与控制，为了区分各组团的独立性，可以考虑各组团采用不同的色彩加以区分，结合空间单体的凹凸进退、显露隐蔽、向阳背光等形式，采取不同的材料和颜色加以空间创造。

配合空间环境色彩设计成功例子和很多，如北京旧城中的故宫就是以黄色琉璃瓦顶、红色围墙、柱及白色台基所组成的建筑群落。蓝天白云下，绿树掩映，与青瓦灰墙的四合院民居形成鲜明的色彩对比，以此来强调出它的特殊性。海滨城市青岛因依山傍海的环境，以红色屋顶、浅白色墙面与蓝色海面和浓郁的绿树形成鲜明的色彩形式。苏南与皖南的水乡城镇，则以青灰色瓦、白粉色墙壁与绿色的田野与蓝色的流水相融合，显得统一而又恬静。黄土高原上的灰瓦与黄土墙、院落前后的古树与蔚蓝的天空形成鲜明的色彩对比。这些都是不同空间形态、不同地域环境、不同社会背景中产生的环境空间配色的典范。

右图为在同一室内空间中，不同色彩带给人不同的空间感受。

图表一

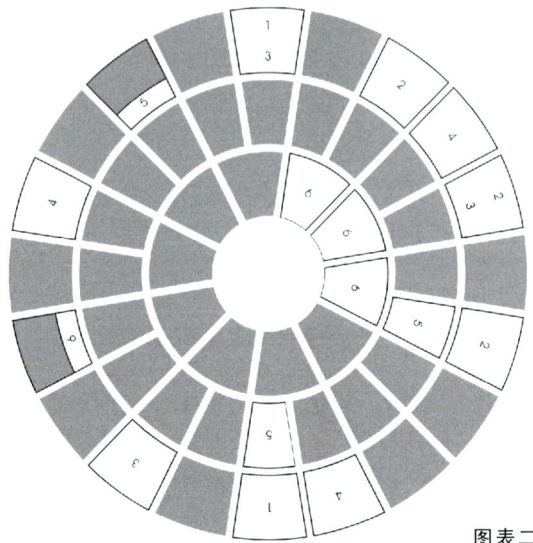

图表二

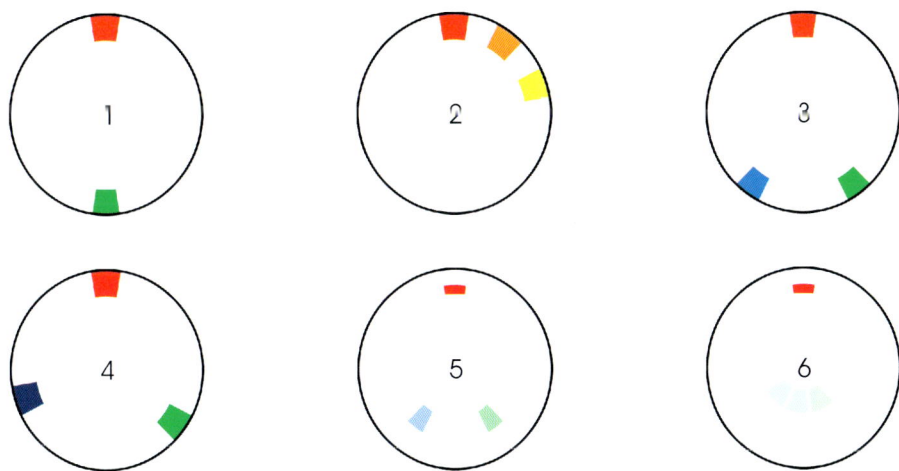

配色法1：是在调色盘上选取一对互补色组合。
配色法2：是在调色盘上选取三个类似色的组合。
配色法3：是在调色盘上选取一个主色与两个近补色的组合。
配色法4：是在调色盘上选取一个主色与两个异色的组合。
配色法5：是在调色盘上选取一个较小面积的强色与两个较弱的近补色的组合。
配色法6：是在调色盘上选取一个较小面积的强色与三个弱补色系色的组合。

空间设计配色说明

本盘的色相配列是按照孟赛尔色相环配置的，以5个主色相(红、黄、绿、青、紫)、5个中间色相及次中间色相组合而成。外圈各色运用纯色；中圈各色为含外圈色的75％及中间灰度的25％；内圈各色为含外圈色的25％及中间灰色的75％（百分数表示为网纹套色，不是颜色直接配色量）。

由于各色相的最大色彩度的明度位置不同，难于以等明度将各纯色布置在一个平面内，故本盘所列的各色相，不是等明度或等色彩的关系。

调色盘内所列的色标有限，难于满足各种配色的要求，故本表只适合一般建筑和环境及室内空间的配色使用。

使用方法

1．按上图复制六个调色盘2（宜用灰色纸板）并分别切去相同数码的面积。

2．配色时，按需要选用适当切孔的调色盘2，覆于调色盘1上，进行旋转配色。

3．这里所介绍的配色方法：2色的一种，3色的四种，4色的一种，为了要获得更多的配色法，可再复制若干个调色盘2，并参照有关资料的色彩调和的方法，另行设计切孔位置与面积。

4．为了要增加调色盘内各色标的明度变化，可覆上明度调整盘，即印有一层不同网纹的白色、黑色的透明塑料片进行选色。

七、质地

肌理是物体的表面特征，也指物体的质感，它是一种具有特殊表现力的造型要素。我们生活在物体肌理世界所包围的氛围中。肌理相对我们的眼睛而言，是由均匀细小的形态组成，是物象表层形态直接的反映。现代人不仅在自然万物中感知无穷无尽的天然肌理，同时也不断地创造新型的肌理美感。它对于空间的视觉最终表现效果是一种不可或缺的重要元素。在现代空间设计中，采用改变在物体表面反复出现的点或线的排列方式使物体看起来粗糙或光滑，或产生某种触摸到的感觉来强调某些特定空间的设计手法。

质地的相对尺度也可以影响空间中一个面的外形和位置。如粗糙的质地可使一个面感觉更亲近些，从而可以减小它的实际尺度，同时加大它在视觉上的重力感。与其它设计元素相比，质地带有一定的偶然性和不规律性，能引起普通人对它的心理体验和共鸣。因此，质地最终成为空间构成里决定选用材料和围护界面材质的一种主要因素。通常来看，光洁的材质表面上容易发现尘埃而且也不耐久，但较易清洗。粗糙的材质表面耐脏，但维护较困难。因此，我们见到的木、石、金属、塑料、玻璃等因其不同的材质特性对空间的创造和影响是不同的。

第二节 空间的形态与类型

　　空间形态是空间环境的基础，对空间氛围的营造起着重要的作用，其中空间的形状对空间的形态起着决定性的作用。在日常生活中，我们常见到的多为规整的几何形空间，如长方形、正方形等，不同的形状空间有着不同的造型特色，会带给人不同的空间感受。在长方形空间中有明显的方向性，其中水平长方体有舒展感，垂直长方体有上升感；三角锥形空间有强烈提升感；圆柱形空间有向心性团聚感；正六面体空间各个方向均衡，具有庄重严谨的静止感；球形空间具有内聚性，有强烈的封闭感和压缩性空间感；环形空间具有明显的指示性和流动性；拱形空间具有沿着轴线向内聚集的向心性等。因此我们可以利用各个空间的形状与各个形状间的相互关系，创造出无限丰富性和多样性的空间形态。

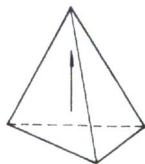 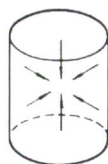

长方体　　　　　　　　　三棱锥　　　　　　圆柱体

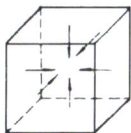 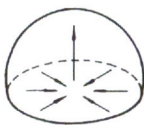 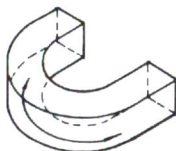 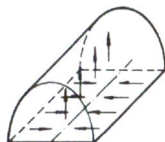

正立方体　　　　　半圆球体　　　　　环形体　　　　　拱形体

　　在此室内空间中为了加强空间扩张感，运用了双层线状隔断对空间进行分隔处理，又利用了玻璃隔断将外部空间引入本室内空间中，使其空间形态更为丰富。

　　空间内利用中心隔断将本空间进行了划分，但利用隔断左右两侧的空透形态，延展了空间进深感，使空间进深的层次更为丰富。

一、空间的限定

空间是由各类空间边界组成的，不同的围合形态对空间的限定感觉是不同的。但总体来说，空间边界越弱，它的空间限定感觉就越不明确，空间存在的感觉就越弱，如图所示。

在建筑空间内，空间的限定感会随着垂直界面内形态的变化而变化。

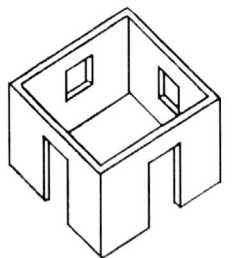

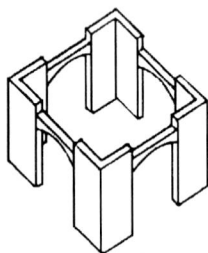

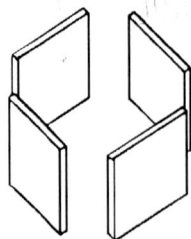

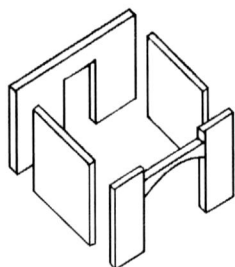

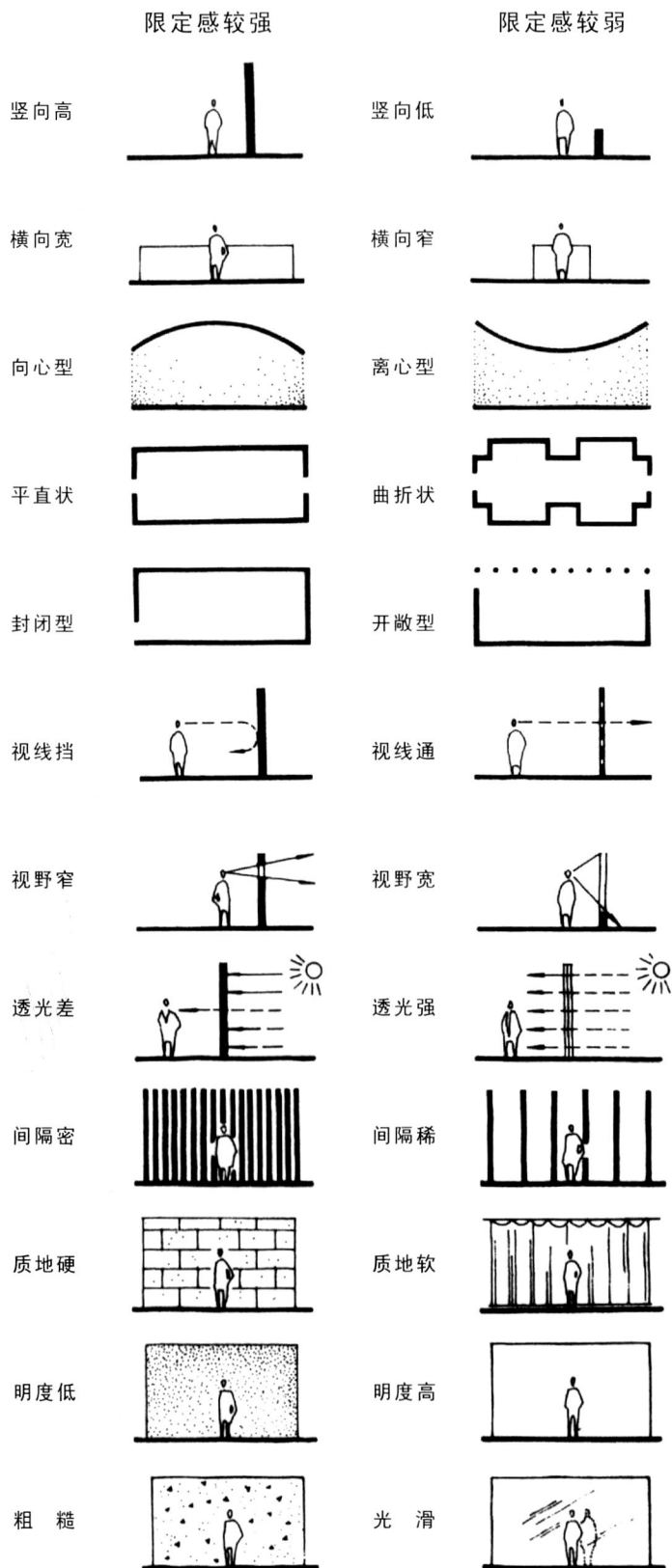

	限定感较强		限定感较弱
竖向高		竖向低	
横向宽		横向窄	
向心型		离心型	
平直状		曲折状	
封闭型		开敞型	
视线挡		视线通	
视野窄		视野宽	
透光差		透光强	
间隔密		间隔稀	
质地硬		质地软	
明度低		明度高	
粗糙		光滑	

　　根据空间围护的程度，在空间面积不变的情况下，围护面的洞口越小，其空间限定感越强烈。围护面的洞口越大，其空间限定感越弱。根据这一原则，我们可以把空间围护形态所形成的空间感分成以下三个类型：

　　1. 闭合的界面能营造出最独立、最封闭的空间，也不需要任何设计提示来区分它和周围空间的关系。

　　2. 当只有两个连接的竖向界面时，空间形状明晰，空间形态处于半开敞状态，空间中带有明显的方向指引性。

　　3. 当竖向界面消失，以边界的线型壮了为限定时，空间形状较为模糊，处于完全开敞的状态下，其空间较易与周围环境所联系与融合。

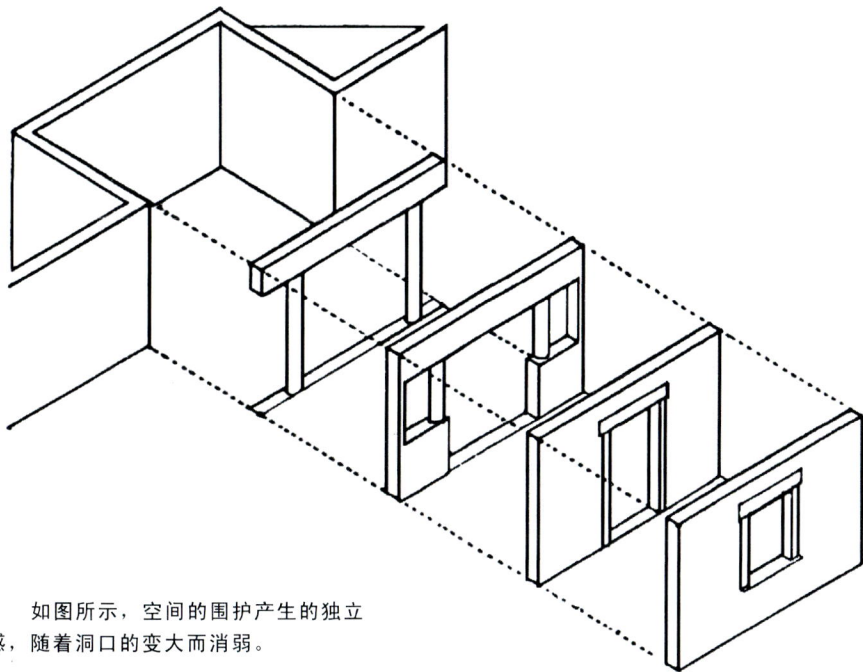

如图所示，空间的围护产生的独立感，随着洞口的变大而消弱。

将围护材质的色彩变化和洞口位置的变化相结合，限定出各自独立的单元组合体。

利用围护界面的不同高度与材质的对比，产生出丰富多变的空间层次。

二、空间的形态

1. 空间的抬升

抬高一个界面，使它高于周边环境，随着抬升的程度不同，带给人的空间感受就会发生转变。我们就以人的日常活动尺度为参照，来分析人类活动中不同空间尺度的变化对空间的影响。

（1）当界面被抬升为 30～50 cm 高度时，被抬升的空间就有了独立性，标示着与周围环境在使用功能上发生了不同，但与周围环境有着强烈的共同属性，并还有一定的空间联系性。

炎帝陵在空间上运用三层基座超大尺度抬升的设计手法，使观者以一种仰视的运动状态进入空间，提升了建筑空间的威严感。

（2）当界面被抬升为 70～150 cm 高度时，被抬升的空间就与原有空间产生了分离感，标示与周边环境在空间上带有一定的空间距离，相对联系性较弱，但不存在孤立性。

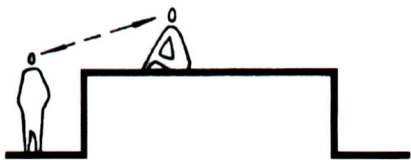

西安大雁塔北广场在空间上运用五级踏步为一组的九级组织抬升方式，使设计主体大雁塔一直处于视线的绝对中心。

2. 空间的下沉

利用空间的下沉或降低，能创造出空间的独立感，它能带给人某种程度上的保护性和围护感。

（1）当界面下沉到 30～50 cm 高度时，下沉的空间具有了与原有界面的隔离感，使空间在形态上具有了一定的上下高差联系，同时与周边环境还存在一定的共同属性感，仍为周围空间的组成部分。

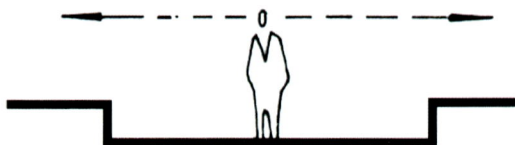

（3）当界面被抬升为 150～180 cm 高度时，被抬升的空间与原有空间产生了分隔感，空间具有了隔离性，其中空间连续性中断。并且两个上下空间区域已经形成互不干扰的空间关系，被抬起的空间表现出了外向性。

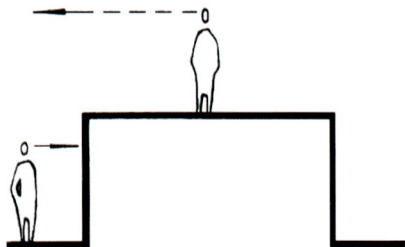

（2）当下沉界面达到 150 ㎝左右时，下沉界面与原有界面上下高差的联系感马上消失，尽管在150㎝时，人视线的高度能够进行高度穿越，看到所处的周围环境空间，但安全感会随着高度的增加而增加。

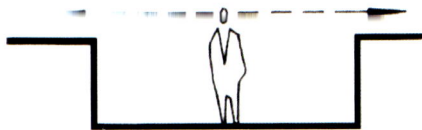

（3）当下沉界面超越150㎝时，下沉空间形成独立的与周围环境不同的空间形态，并且产生了空间的内向性。

3．空间的顶部占有

（1）空间的顶部可以为顶部以下的空间提供一个隐蔽处，可以限定一处虚有的地面形状，对它覆盖之下的物体提供物质上和心理上的保护。

（2）人对空间的感触首先取决与顶部的高低，通常情况下高大的顶棚会让人产生壮观感和距离感，低矮的顶棚会让人产生近距离的温馨感。

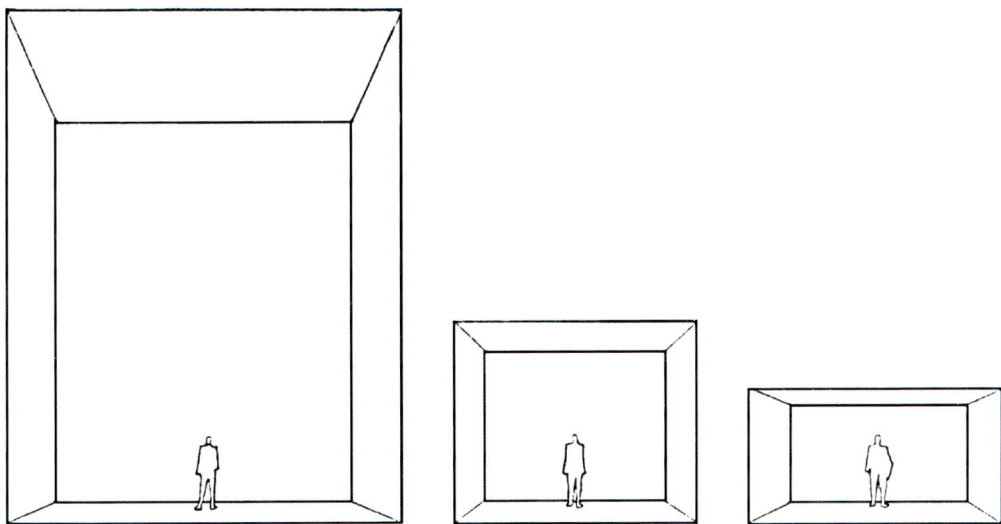

如图，不同高度的顶棚和人之间的产生的不同空间感受

常用不同造型顶棚竖向空间形状图

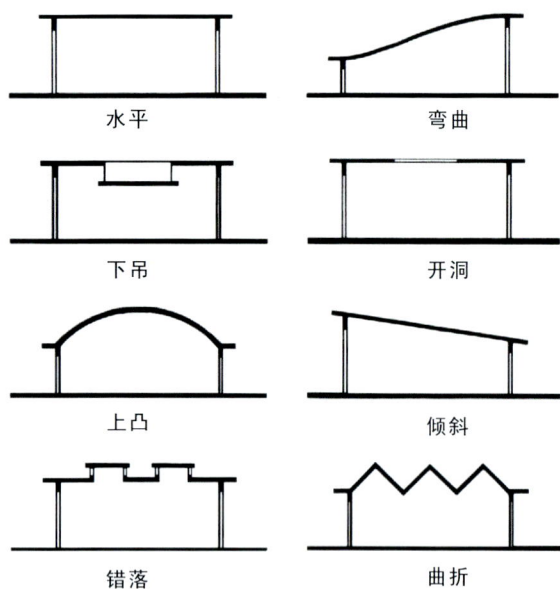

水平　　　　　　　弯曲

下吊　　　　　　　开洞

上凸　　　　　　　倾斜

错落　　　　　　　曲折

（3）不同造型的顶也能带给内部空间以不同的空间触动感。

单坡、双坡和拱顶能给空间以方向性；穹顶、攒尖顶能强调出空间的中心。

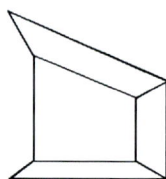

单坡顶

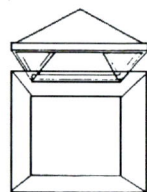

穹顶

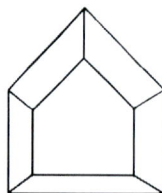

双坡顶

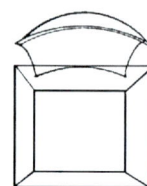

攒尖顶

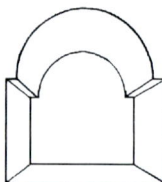

拱顶

不同造型顶对空间的影响

4. 空间的分隔

空间分割是在外形完整、形态单纯的空间内部，将整体空间划分成若干个子空间的手段，其构成形态在外部形态上仍然保持原有的单纯整齐感，而在其内部空间产生丰富的变化。这种表现方式是空间构成设计中最为普遍的一种。

（1）利用空间内的隔断式柱列造型分隔空间，使被分割的两个空间既具有各自的领域感又相互有较强的渗透性。

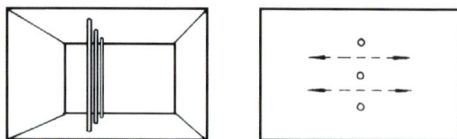

（2）利用空间造型中的隔断在中心开设洞口来分隔空间，被分隔的两个空间形态相对独立，联系性较弱。

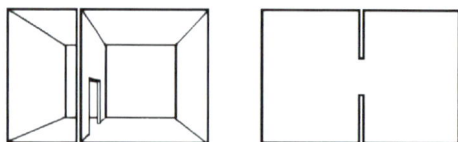

（3）利用空间造型中在隔断造型的两侧开设洞口来分隔空间，被分割的两个空间形态独立，但联系性较弱。

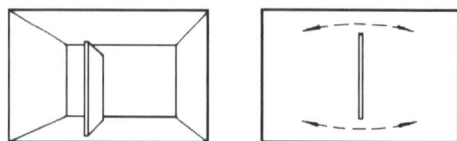

（4）利用地面的抬升或下沉、顶面的抬升或下沉，可分割出两个独立的，但具有延续关系的空间形态。

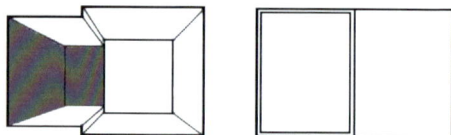

5. 空间的包容

在一个整体的空间内部，将多个子空间完全设置于一个整体的空间内，或者有意识地对它们进行重新组合，在空间形态上内部和外部空间可以是同一种形态，也可以是不同形态而存在。通常是大空间中包含着小空间，两个空间能产生视觉与空间感的连续性。但各个子空间的相互组合关系是处理好整个空间的基本保障。

（1）在包容式空间中，大空间与小空间在尺寸上应有明显的差别，其尺寸差别越大，包容感就越强；尺寸差别越小包容感越弱。

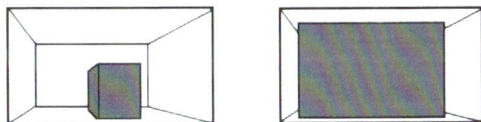

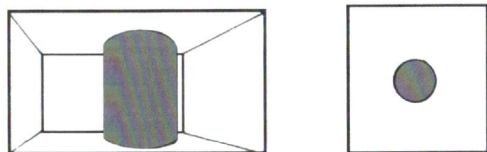

在空间中，此造型利用形态上的变化，成为整体空间中的视觉中心。

（2）在包容式空间中，当大空间与小空间在形状上相同但方向不同时，其小空间在整体空间中具有较强的吸引力，容易成为整体空间的中心。

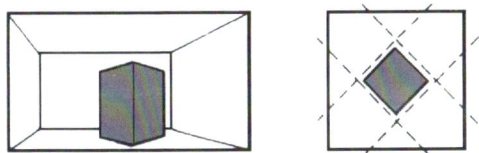

在方体聚集组合的空间形态中，利用一组曲面造型，标示出此空间在总体空间中的特殊地位，借用这种手法来提示其承担进入口的空间功能。

（3）在包容式空间中，当大空间与小空间的空间形状不相同时，表示两者具有不同的功能，相对各自独立，并特别表示出小空间具有特殊的空间意义。

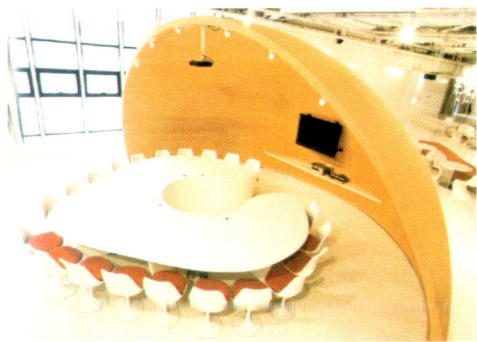

6. 空间的聚合、分割

自然形体的另一个有趣的特性是二元性。它将聚合和分割两种趋势集为一体：一方面，各元素聚合在一起，组成不规则的形状；另一方面，各元素又彼此分离构成不规则的空间形态。

把多个相同或不同的呈现相互分离状态的空间造型体，以一种或多种美学规律将它们聚合为一个复合体，这种手法叫做聚合。在聚合的形态中体与体之间就会产生丰富的空隙，利用建筑这种间隙的形态也能组成一种空间形式，这种空间形式就形成了空间中的另一种表现形式——消极空间，这种手法也是寻求消极空间的有效手段之一。

从根本上来讲，某个整体既是属于更大整体的部分，又是被分割的整体，聚合与分割是相互依存的关系。通常我们是通过最简单的一个圆形或方形这种单位形，运用同一单位形态以多个数量的相加或相减而获得，还可以通过一定的美学规律进行编排排列，获得较为复杂的造型。例如：利用重复手法的聚合，在这里可以是基本形的绝对重复，也可以是广义上的重复，即只在基本形的某些视觉元素上的重复处理，而在其它元素上可以运用近似或渐变等处理方式，以产生各种韵律感，以此来创造出不同的个性空间。对比是选用形态差异较大的形体作为组合要素，按照一定的轴线关系或美学规律聚集成均齐形态，所形成的空间具有一定的空间稳定感。

正方体的聚合与分割

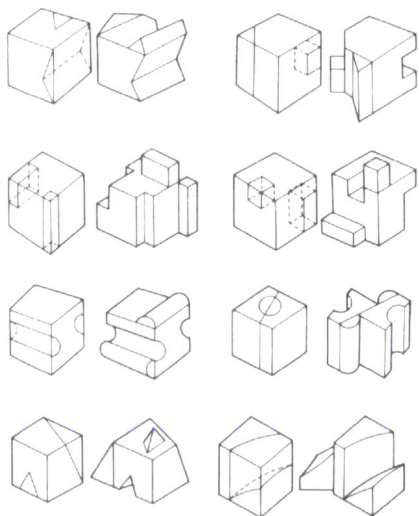

长方体的聚合与分割

7. 空间的穿插、交错

利用空间的穿插、交错手法能形成水平、垂直方向空间的流通，这种手法是具有扩大空间感的造型手段之一，对丰富空间层次和形态有着积极的作用。

图为直线型空间通过采用穿插、交错的手段使空间形态更为丰富。

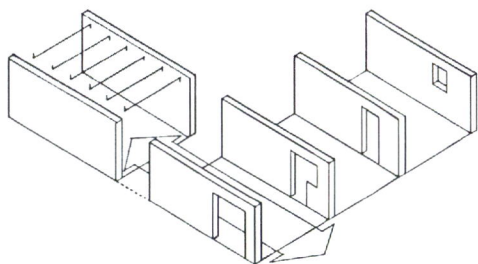

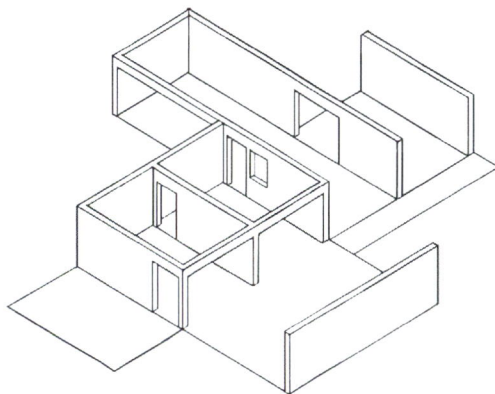

利用几何形体的组合，产生出的穿插、交错的空间形态。　　利用建筑结构产生的穿插、交错的空间效果。

利用材质上强烈的对比与造型的高低起伏错落的形态，使空间层次更加丰富。

利用垂直与水平交通空间的连接来增强空间的层次感。

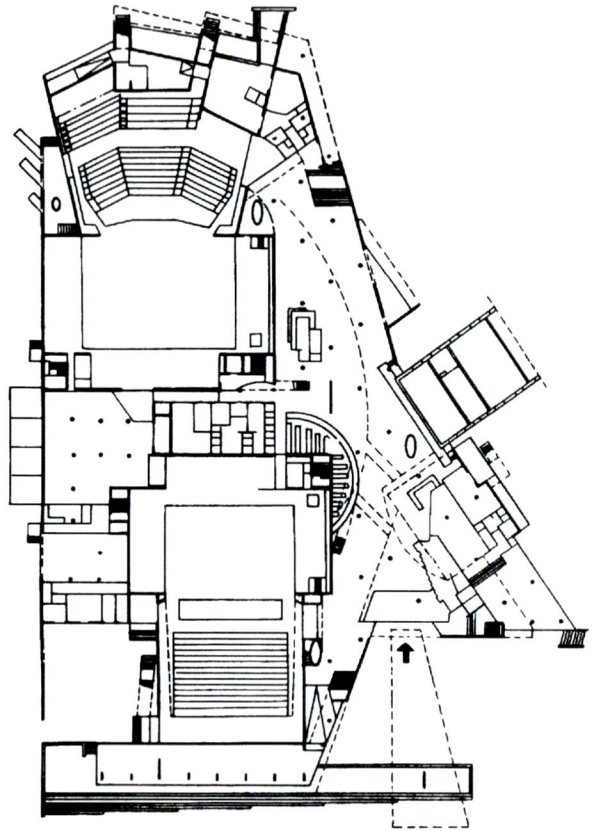

荷兰布雷达剧场一层平面图

以功能设计为依据，使整体空间在平面与立面上产生穿插、交错的空间形象。

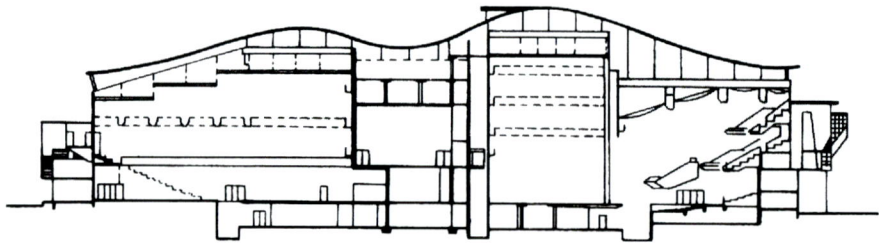

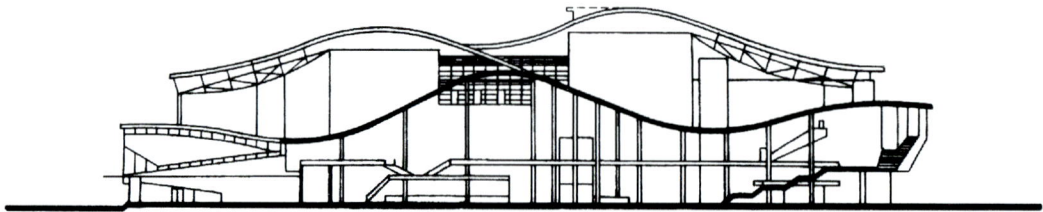

荷兰布雷达剧场剖面图

8. 空间的并列

通过某种方式把多个空间形态组织到一起形成一个统一体的空间构成形态，使用这种手法必须注意的是要将多个形态各异的几何形体相融合，并且避免每个空间形态成为过于突出的表现点，也就是说要将每个空间形态都尽量保持着各自的外形轮廓与空间表现形式，要求每个子空间内容既要丰富，但又要被整体空间所兼容。

（1）利用同等面积和形态的空间，作直接并列。

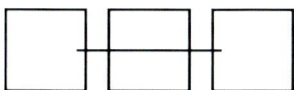

（2）利用同等面积和形态的空间作衔接，使空间处于等同并列状态。

（3）利用减弱面积和形态的空间连接方式，使主要空间处于重要的并置等同关系。

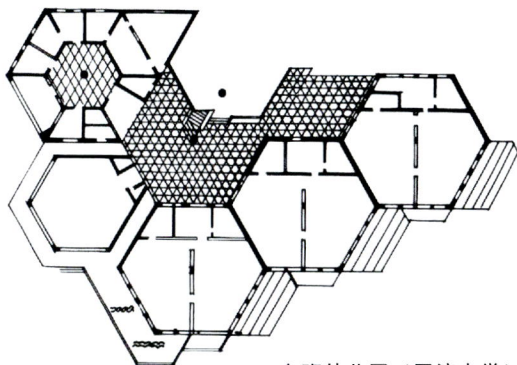

六班幼儿园（同济大学）

此案例是典型的利用减弱连接空间面积，使各个主要功能空间处于并列状态的空间构成方式。

（4）利用加强面积和形态的空间连接方式，使并列空间处于等同的从属关系。

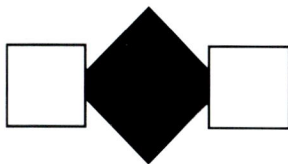

（5）利用改变面积和形态的空间连接方式，使并列空间处于等同的并置关系。

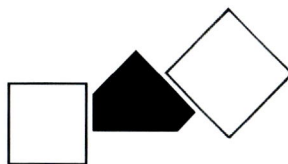

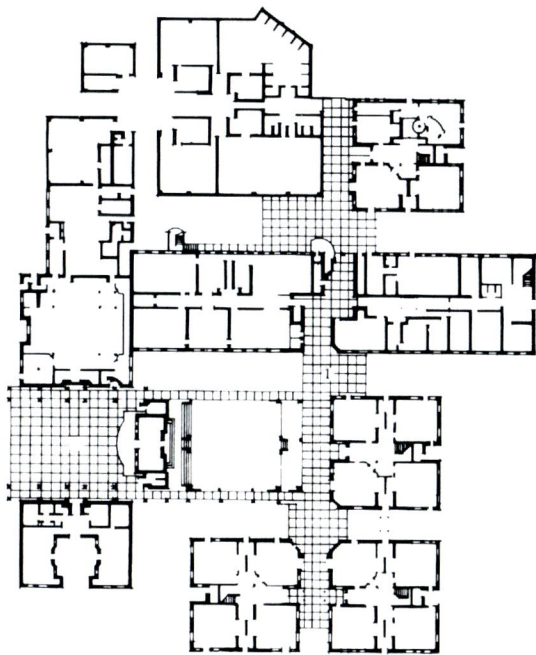

法国布里奥尼某中学一层平面图

根据功能需求，形成组团式的空间布局，使各个组团空间形成并列式空间形态。

9. 空间的序列

按照一定的内在关系，将一些连续的、独立的空间场所在空间中以若干空间层次相继出现。它们以特定的通道相互连接，使观者感触到不同类型、不同强度的空间边界。空间序列的线路设计，一般可分为直线式序列、曲线式序列、循环式序列、迂回式序、列盘旋式序列、立交式序列等。总体来说，它是一个需要运用综合空间组织处理手法，把个别性、独立性的空间组织成为一个有秩序的、有变化的、统一完整的空间集合群体。

（1）空间沿着通道直线排列

这种空间具有强烈的方向感和目标性，适合表现不同内容和形态的空间，但在空间组织关系上是相互并列的。因此要到达每个单元需要设计一定长度的流线型通道。

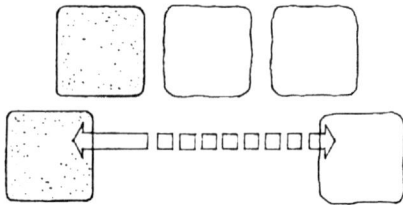

（2）空间沿着设定的轴线排列

这是呈对称的、规整的排列式序列的代表。这种成排排列的特殊组织系列，具有清晰的起点和终点，通常会利用轴线将沿着轴线上不同形态、关系性较弱的空间联系起来，组成一个新的整体。

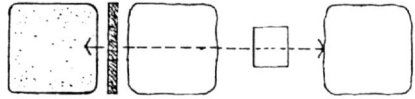

（3）空间沿着通道成组排列，但呈现出不对称、不规整的排列组合形态。

这种空间简洁明晰，并可以根据各个空间开放程度的不同选用直接或间接的联接方式，将不同的空间单元相融合。但是这类空间的导向性较弱，在设计时要进行特别处理。

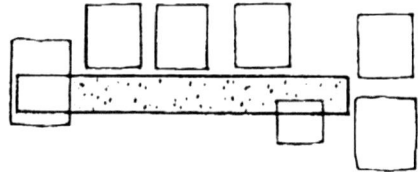

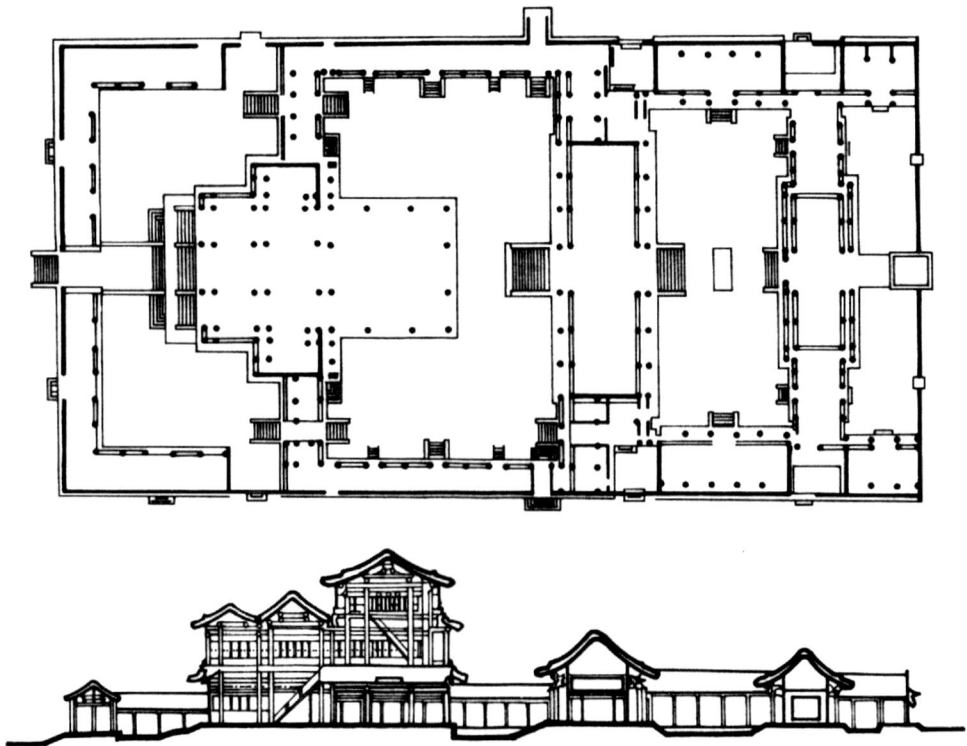

北京颐和园德和园大戏台平面、剖面图
空间沿设定轴线排列式序列形式

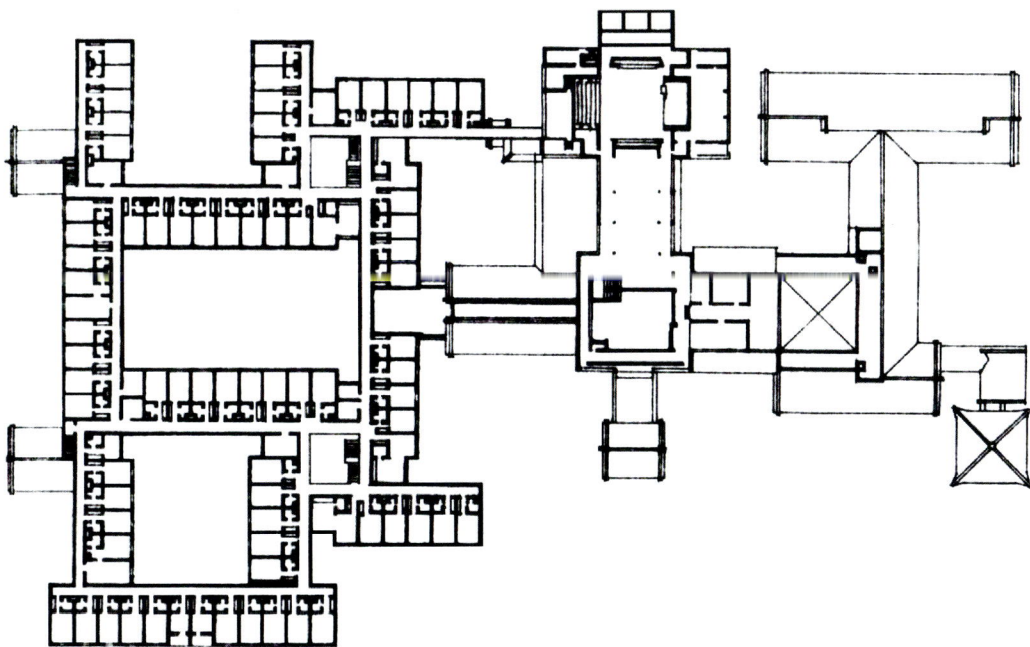

山东阙里宾舍二层平面图
通道式组团序列排列的代表

10．空间的主从

　　由多个空间的子要素组成的整体型空间，在空间中每个子要素空间在整体中所占的比重和所处的地位都会影响到整体的统一性，因此要根据空间的主体形态和使用性质来安排空间组织间的关系。如果所有的子要素在安排上都处于均等的地位，不分主次，这样就会影响整体空间的效果。一般来说，在空间主次的安排上要充分表现出空间功能的原则和特点，突出其重点空间的中心的位置，在形式上主要有以下两种：

　　（1）以大体量的主体空间为中心，其它附属或辅助空间环绕在主体空间的四周，这种空间形态的特点是主体空间十分突出，主从关系异常分明。另外，由于辅助空间都直接地依附于主体空间，因而与主体空间的关系极为紧密。

◆次要空间的功能、尺寸可以完全相同，形成双向对称的空间构成。

◆两大空间相互套叠后构成对称式集中空间。

◆次要空间形式和尺寸可以不相同，按功能和环境构成不同形式。

　　（2）将"趣味"主题设计为整体空间中的重点或中心点，利用趣味性来打破平淡或松散的空间形态，从而形成空间中的主与次的关系。

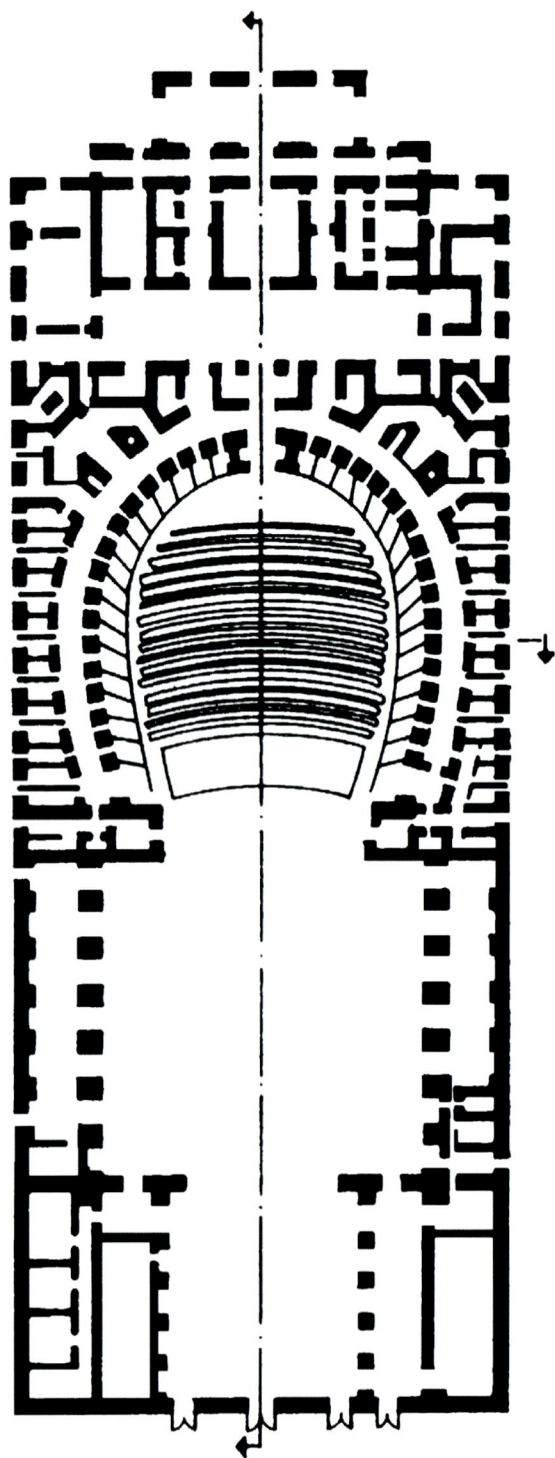

意大利斯卡拉剧场平面图

利用中心开敞的空间形态与结构上呈现围合的辅助性空间相组合形成对比，成为空间中心的主体。

11. 空间的变化

在空间的创造过程中，我们通常可以采用对单纯形体进行"加法"、"减法"、"变形"的设计手段，使空间衍生出新的形态，同时也可以采用与相邻空间进行重新再组合的方式，用这种手法创造出各种类似凹龛的空间形态，以便让它与周边环境、地貌相适合。

（1）消减变化

可以通过消减部分容积要素的方法来进行空间的变化。其结果可能还会保持原有的空间形态特征，也可能会变化成为另一种类的空间形式。

如图，方块体通过运用消减的手法产生出的不同的建筑空间形态。

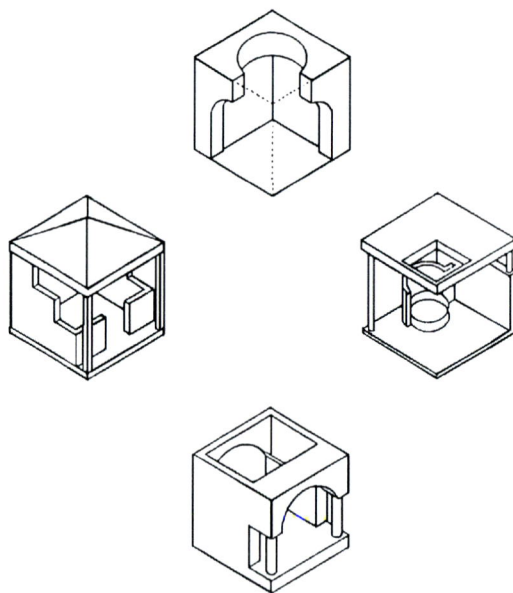

（2）增加变化

可以通过增加部分容积要素的方法来进行空间的处理。被增加的容积要素的大小、形态、数量、位置决定了被增加空间的形式与原有空间相比较其变化的大小状况。这也是构成主从空间的主要手段之一。

（3）形态变化

可以通过对单一几何形体进行拉伸、挤压、错位、穿孔等多种有效手段，以期改变原有形态的长、宽、高等空间形象，从而获得全新的空间形态。

本建筑体的外在空间设计，就是运用了空间中的"加法"与"变形"相结合的手段，使几何性建筑形体呈现出一种空间的趣味感。

在单纯几何形体上，利用小体积体块的增加与消减，使建筑外观形态丰富多变。

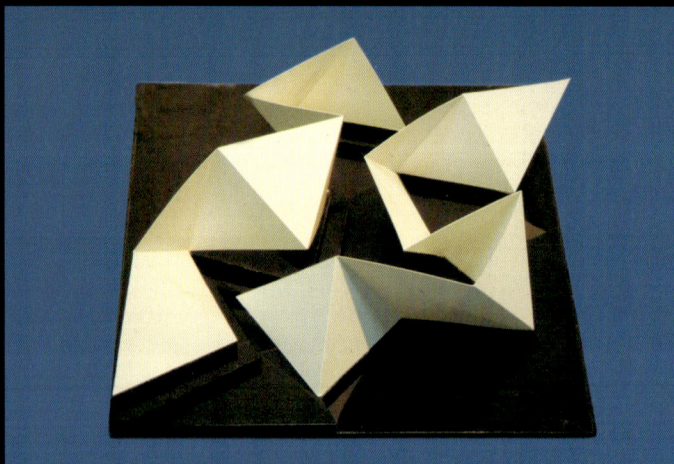

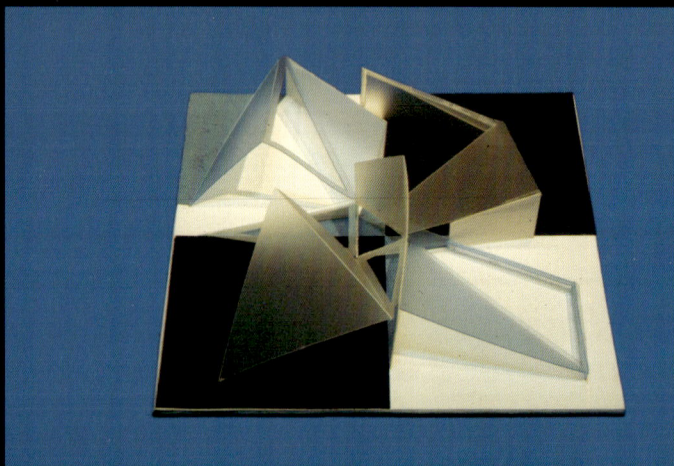

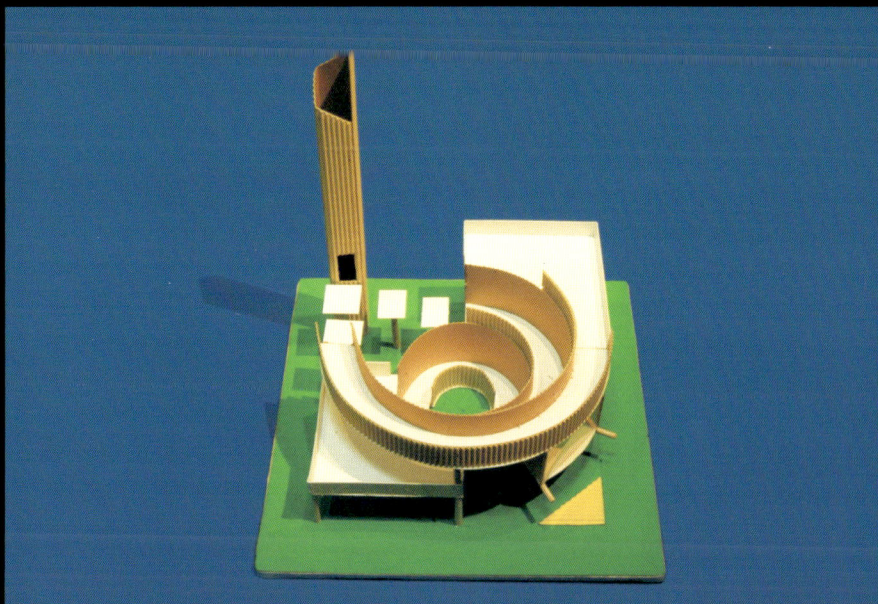

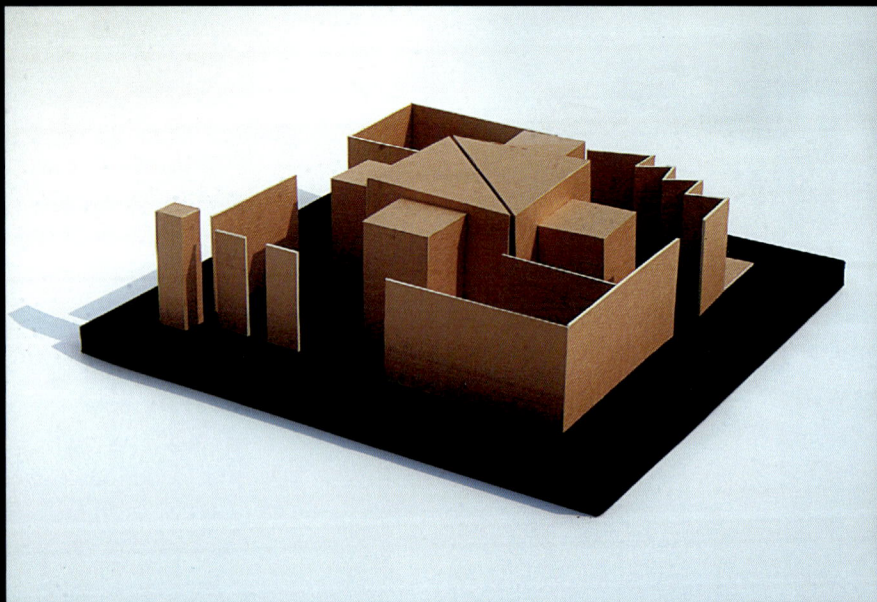

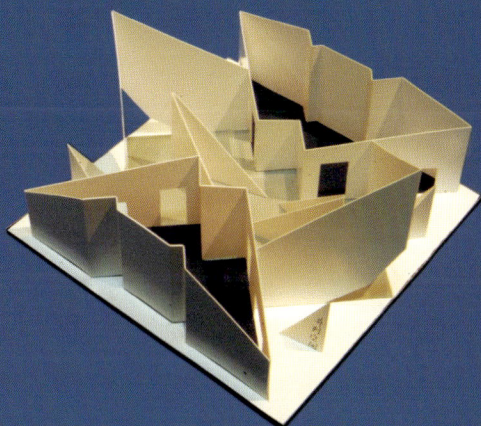

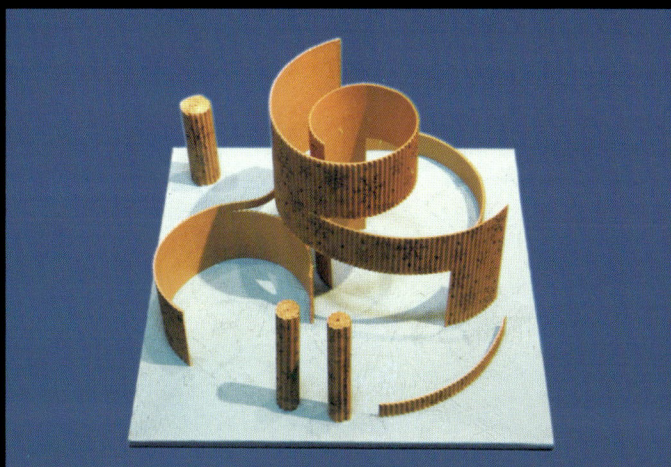

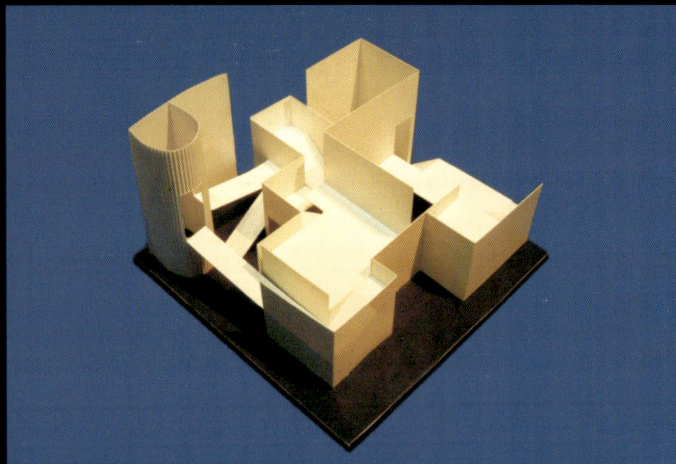

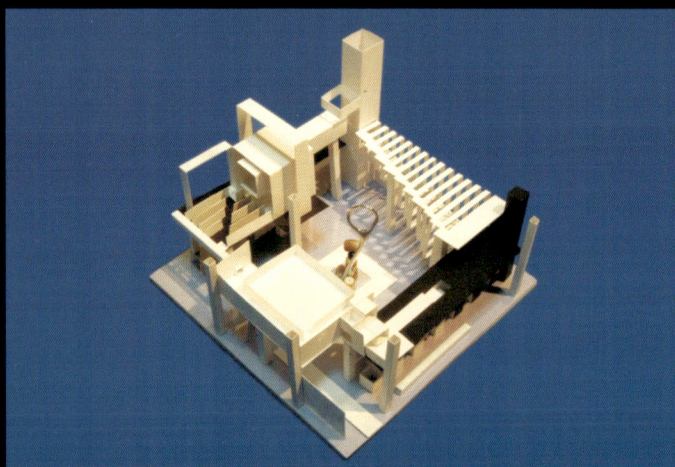

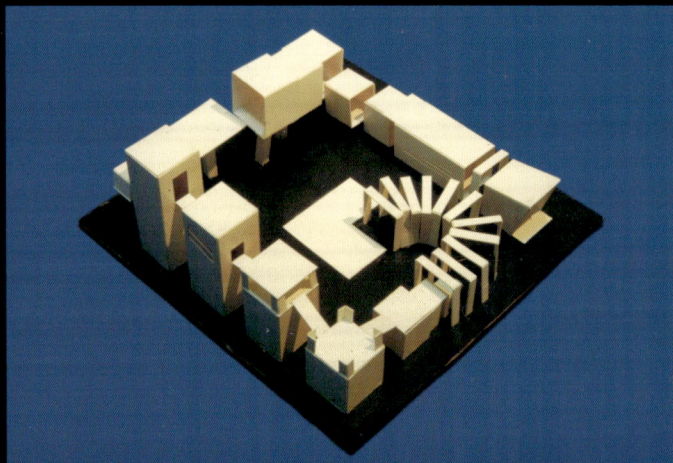

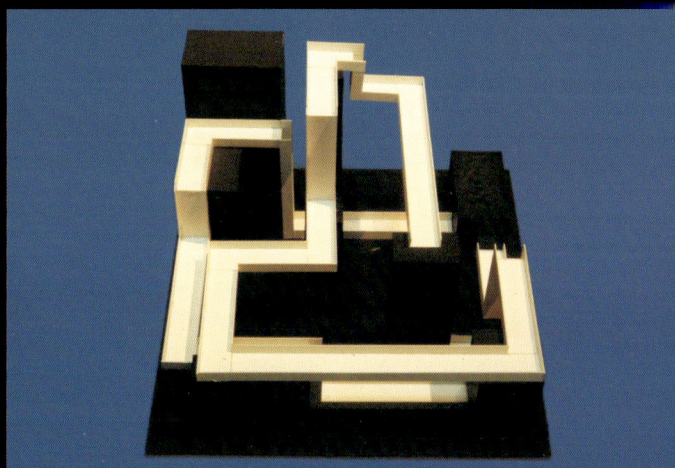

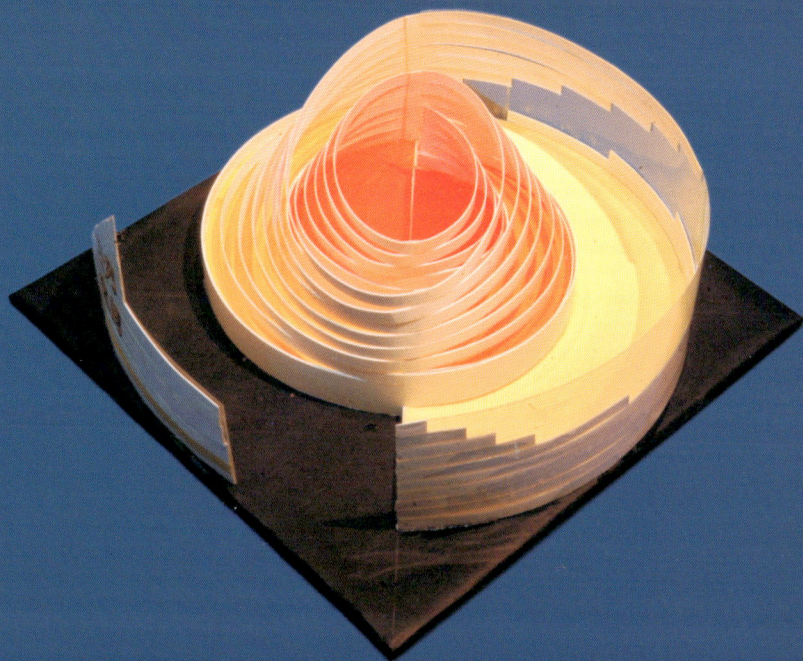

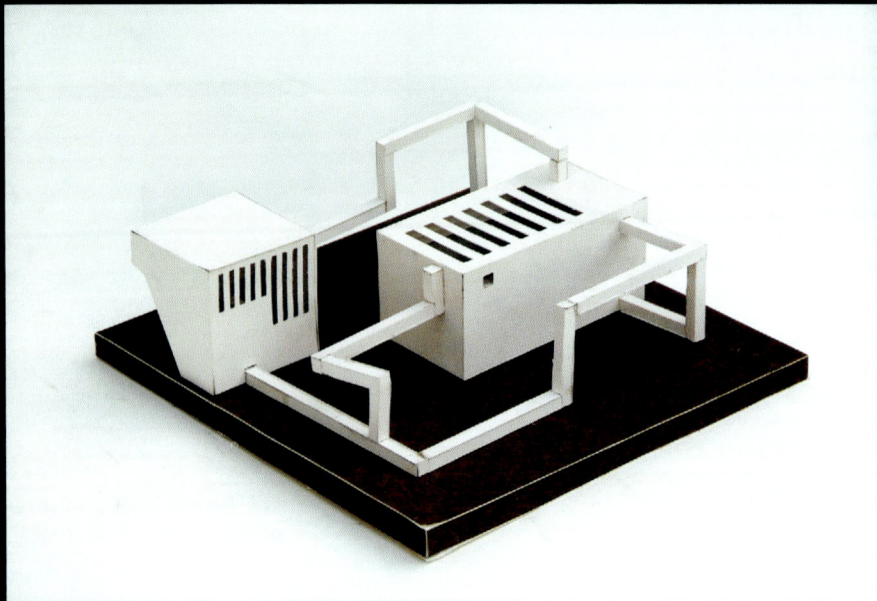

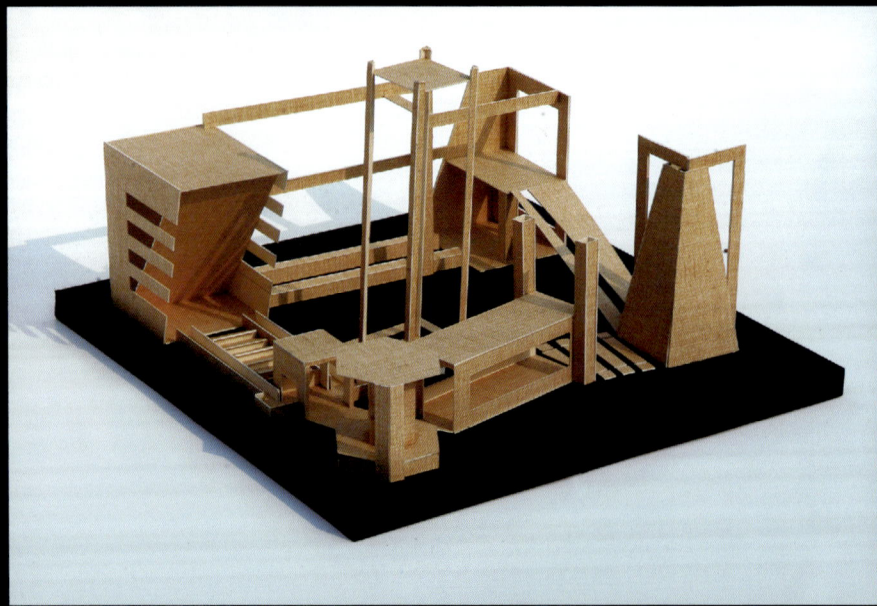

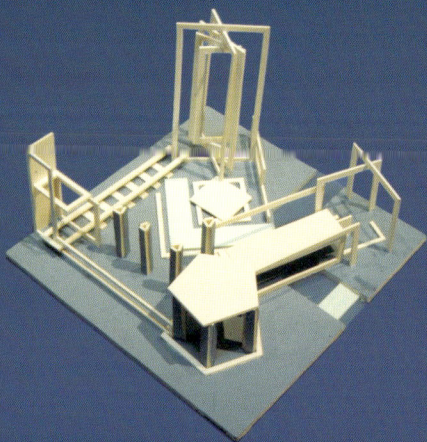

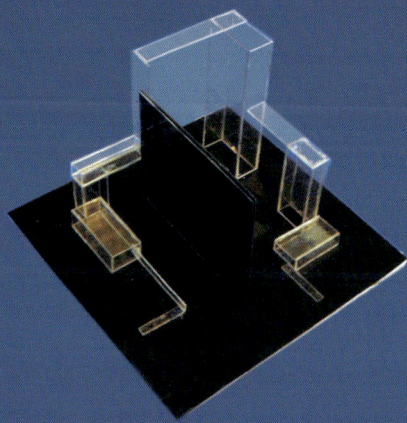

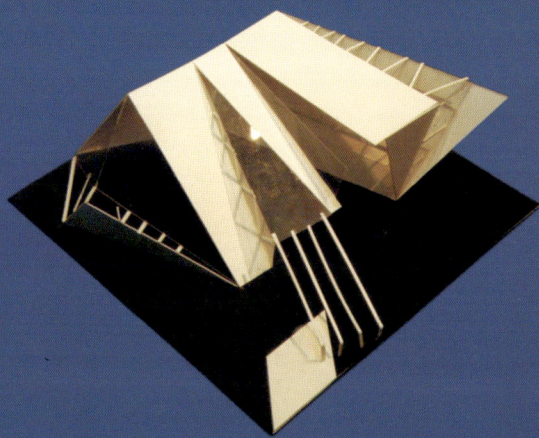

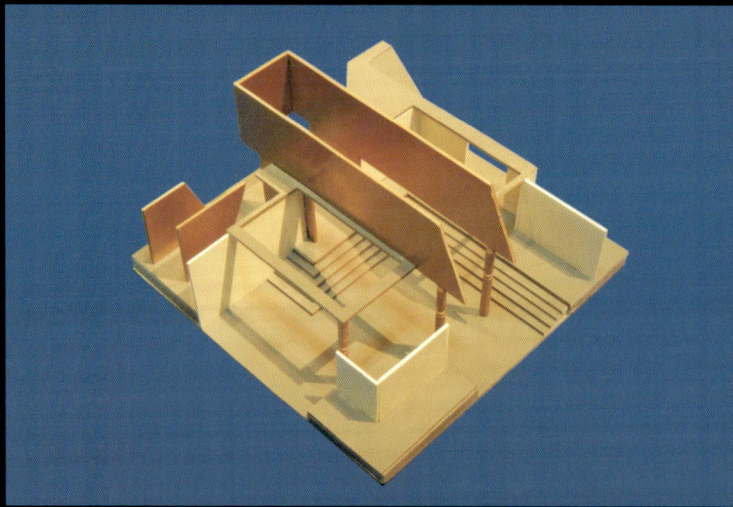

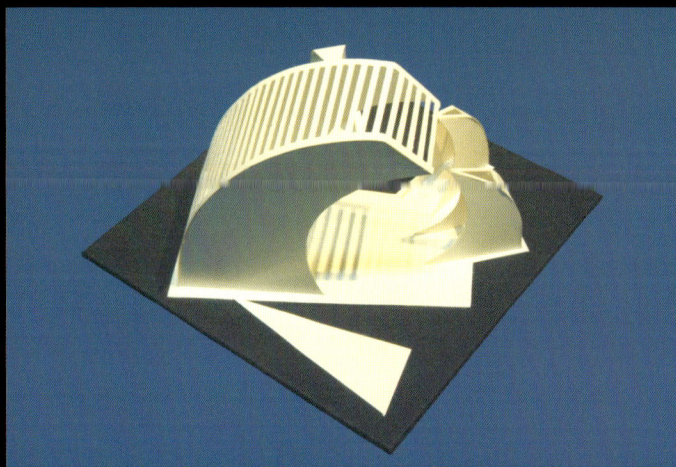

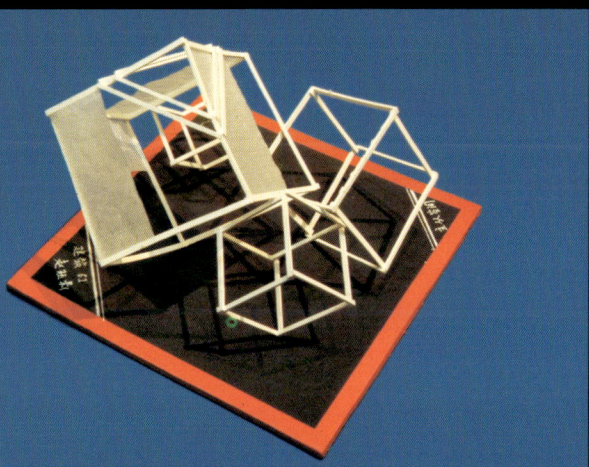

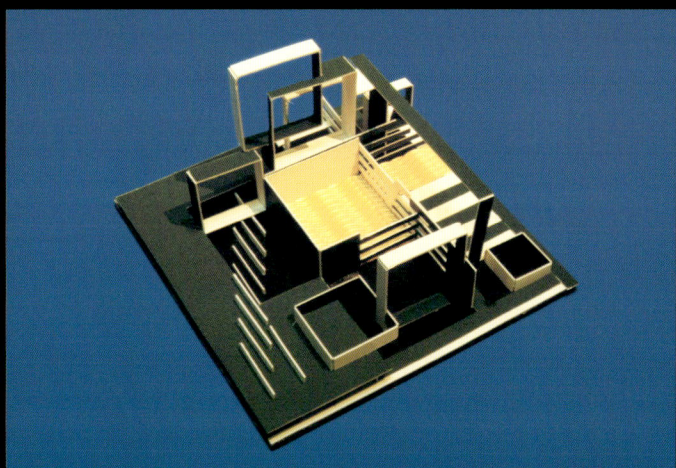

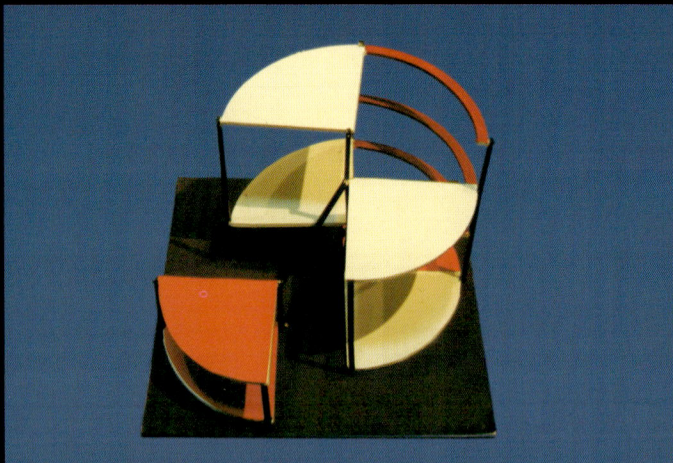

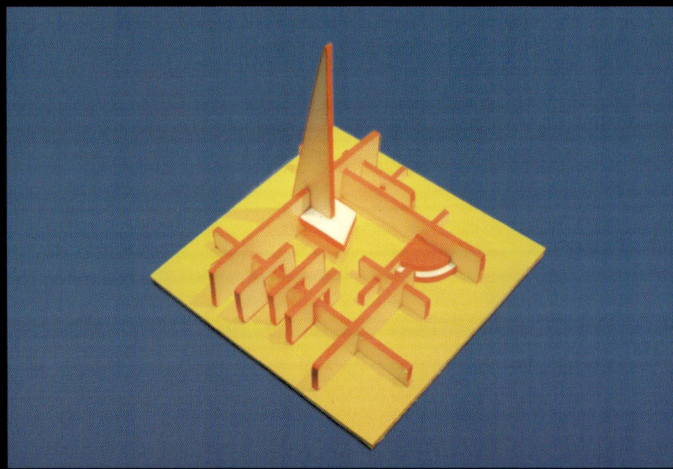

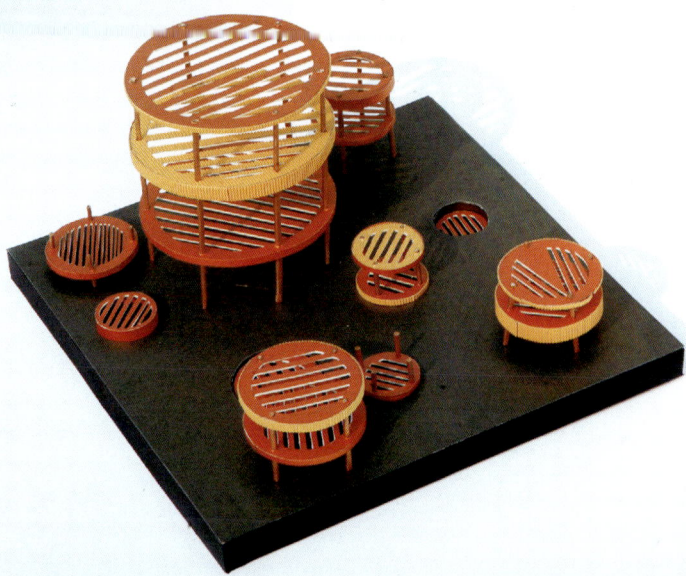

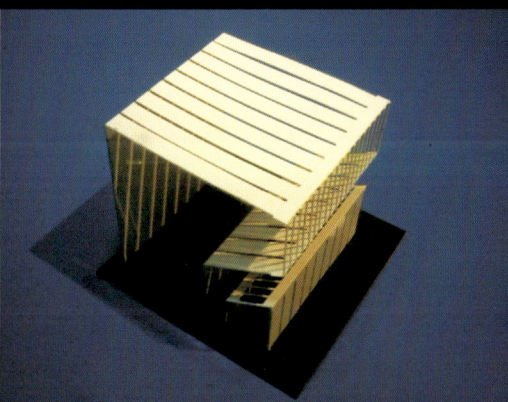

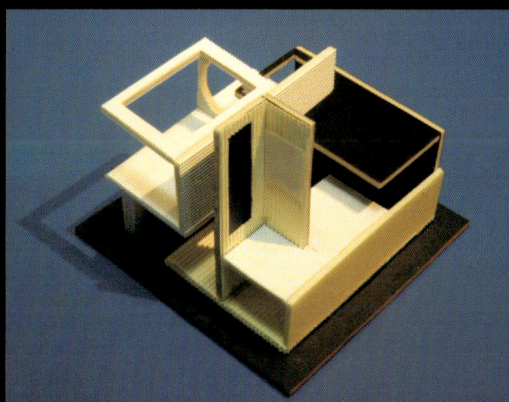

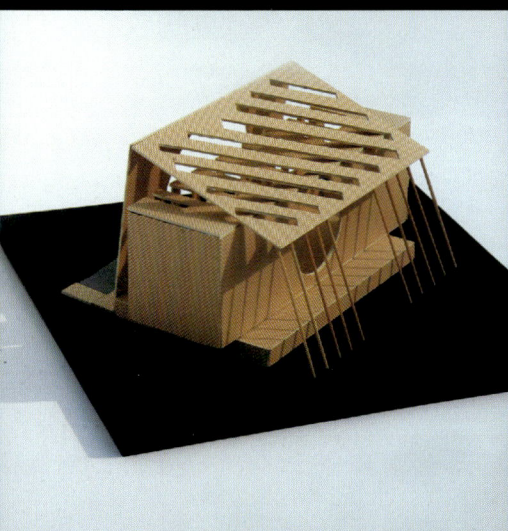

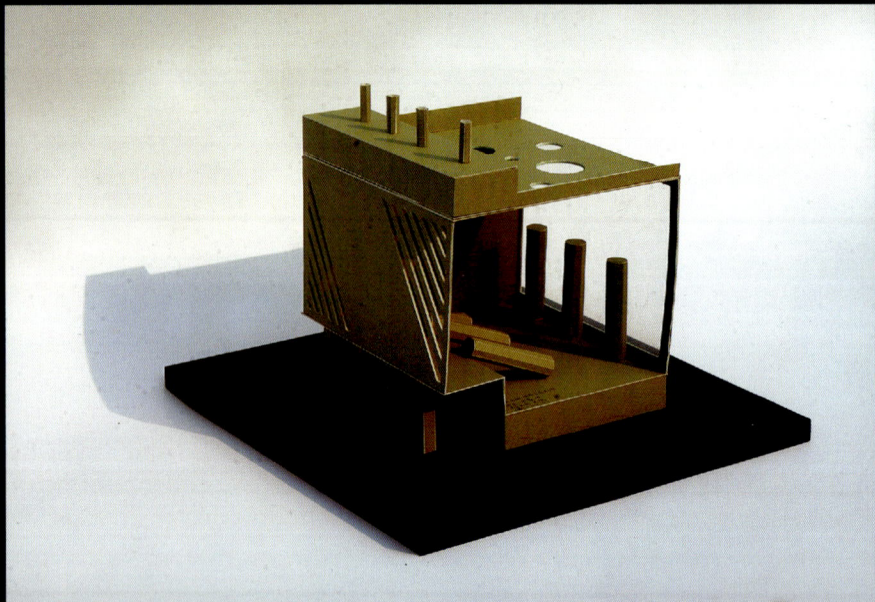

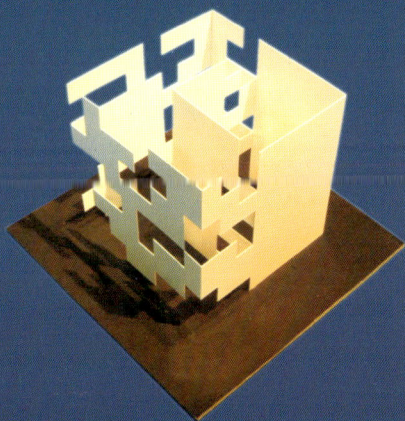

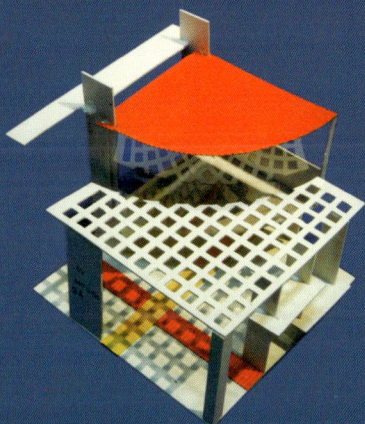

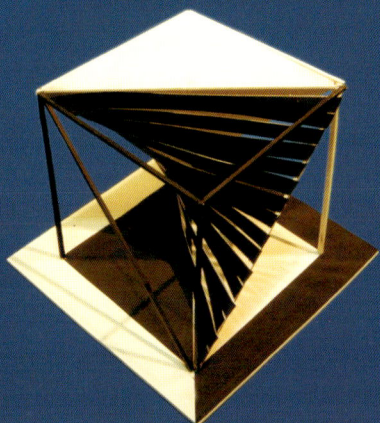

三、空间的类型

各种空间的类型和形式都取决于周围环境的各种条件，不同的功能需求，不同的环境对空间的影响都起着决定的作用。

1. 中心开敞型空间

这是最为常见的空间形式，各个设计要素沿着空间周边布置，使空间呈现开敞的状态。而且这种中心空间可被当作整个设计或周围环境的空间中心点，在与其相关联的空间中占有主导的地位，一般不受到外界的影响，具有较强的内向性。但这类空间不可布置在中心的位置上，在形态上也不能过于突出，这样会使空间的开敞性消弱。

圣马可广场剖面图

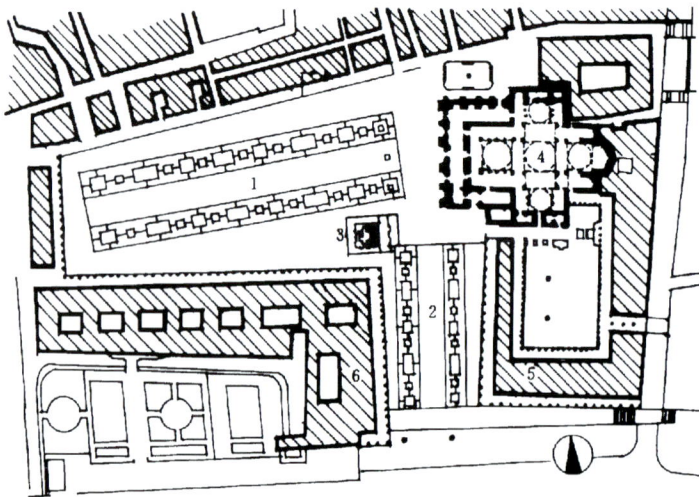

圣马可广场平面图

1 圣马可广场
2 小广场
3 圣马可钟楼
4 圣马可大教堂
5 大公府
6 圣马可图书馆

威尼斯圣马可广场（Plazza San Marco）又称威尼斯中心广场，是威尼斯政治、宗教和传统节日的活动中心。初建于9世纪，1177年扩建成现有规模。圣马可广场由大公府、圣马可大教堂（基督教）、圣马可钟楼、新、旧行政官邸大楼、拿破仑翼大楼、圣马可图书馆等建筑和威尼斯大运河所围成的长方形广场，其长约170米，东侧宽约80米，西侧宽约55米。圣马可广场的南侧有附属的小广场与大广场连接成曲尺型。广场四周的建筑都是文艺复兴时期建筑。

2. 定向开放型空间

    空间的围合因某一竖向立面的减弱而形成，因此构成空间的方向将指向开口边，并且具有极强的方向性，所以在总体空间中组织安排其它因素的同时，必须保持空间方向的一致性。在选取定向开放空间的设计要素时，应该注意避免空间开放边的比例过大，否则空间形成的特性和围合感将会消失。

佛罗伦萨长老会议广场剖面图

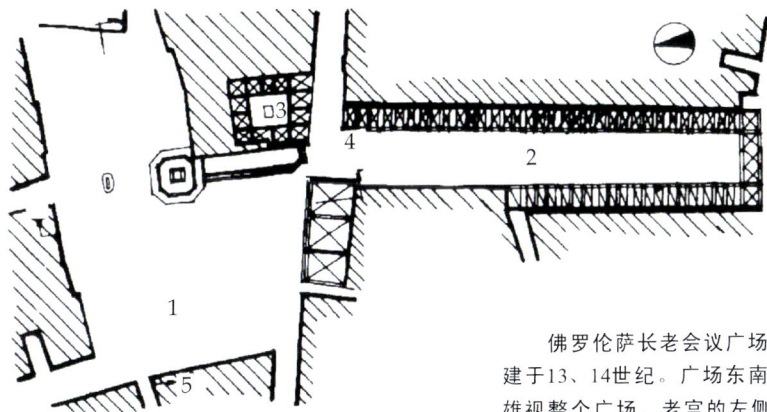

1 长老会议广场
2 乌菲齐广场
3 市政厅
4 兰齐敞廊
5 乌菲齐画廊

佛罗伦萨长老会议广场平面图

    佛罗伦萨长老会议广场也称佛罗伦萨市政广场，它始建于13、14世纪。广场东南角是传统的行政中心老宫可以雄视整个广场。老宫的左侧是由本齐·迪乔内和西莫内·托冷蒂于1376～1382年建造的哥特式晚期风格的琅琪敞廊，敞廊里面陈列着一组重要的雕塑作品。广场四周是造型朴素的历史建筑。它被称赞为意大利最美的广场之一。

3．放射型空间

这类空间由中心主导空间和向外辐射扩展的线性空间共同构成，其空间形态呈现出外向性。一般中心区域多采用规则式几何设计，常运用圆形、方形、长方形等形状。向外发射的线性空间多根据使用功能、场地条件、方位等因素进行形式上的变化，从而产生出不同的空间形态。但在空间中采用的设计要素都是为中心主导空间作服务，其中心目的是在于将视线引导到空间中心点上，而不是与空间中心点相抗衡的位置。

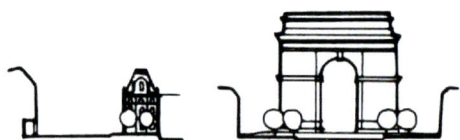

法国星形广场剖面图

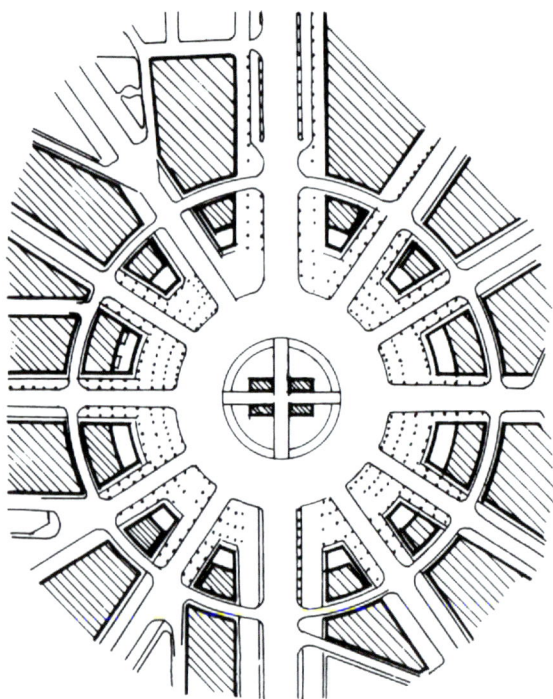

星形广场也称戴高乐广场(Place Charles de Gaulle)，法国巴黎市中心主要广场之一，著名建筑物凯旋门的所在地。该广场始建于1892年，1899年落成。其位于塞纳河以北，围绕凯旋门一周修建了圆形广场及12条放射状道路，最著名的是向东南延伸的香榭丽舍大街。由于空间的形象特征比较突出，广场得名为星形广场，1970年改名为戴高乐广场。

法国星形广场平面图

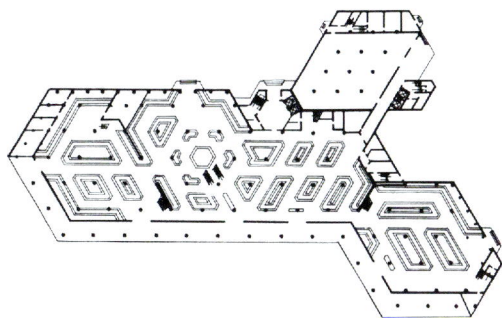
南京商场平面图

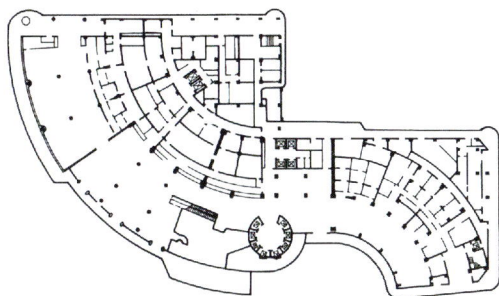
上海华亭宾馆一层平面图

4. 网格型空间

利用建筑结构的轴线平面网格，组成空间网格单元，沿承重网格把空间分隔成若干部分，并使它们产生共同的关系，使各个单元具有一定秩序性的联系。即使是自由组合，网格也能为空间提供统一感。空间网格决定建筑物的开间、进深、柱距、跨度、层高等主要空间控制要素。在基本的网格基础上采用网格的增加、减少、倾斜、中断、旋转、插入、交替、套叠、平移、混合、自由划分等手法，构成形态多样的空间形状。这种空间形状比较适合于交通线路的组织，多见于展览场馆、工业厂房等空间的组织。

南京商场平面图采用围绕网格进行内部子空间划分布置的空间构成手法，上海华亭宾馆一层平面在建筑空间中，运用网格的旋转形成内部和外部空间的丰富形态。

5. 组合式线型空间

该空间类型与直线型空间的不同之处在于它并非是那种简单的，从一端通向另一端的笔直空间，这种空间形态一般在拐角处不会终止，而且各个空间时隐时现，从而形成不同形态的空间序列。穿行在这类空间中时，会带给人不同的视觉感触，并增添空间运动时的情趣。

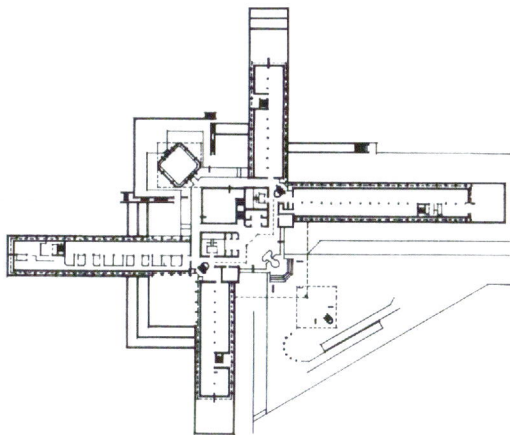
欧洲投资银行一层平面图
利用中心空间的转折处理手法，体现各个子空间相互并列的空间关系。

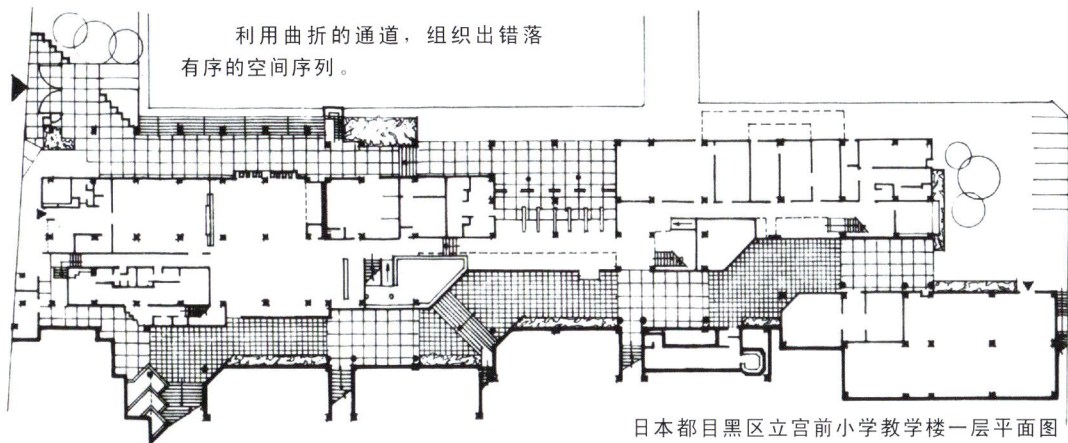
利用曲折的通道，组织出错落有序的空间序列。

日本都目黑区立宫前小学教学楼一层平面图

6. 串联型空间

　　它是由若干单体空间按照一定的顺序和方向相互串通，首尾相连从而形成连接形空间系列。在这种空间组合形式内，各个使用空间直接连通，具有明显的方向性，并显现出运动、延伸、增长的趋势。在空间构成时具有可变的灵活性，容易适应环境条件，有利于空间形态的发展。按照空间构成方式的不同，可分为不同的组合方式：直线式、折线式、曲线式、侧枝式、圆环式等。因这种空间类型所具有的独特特征，适用于商场、博物馆等空间组织。

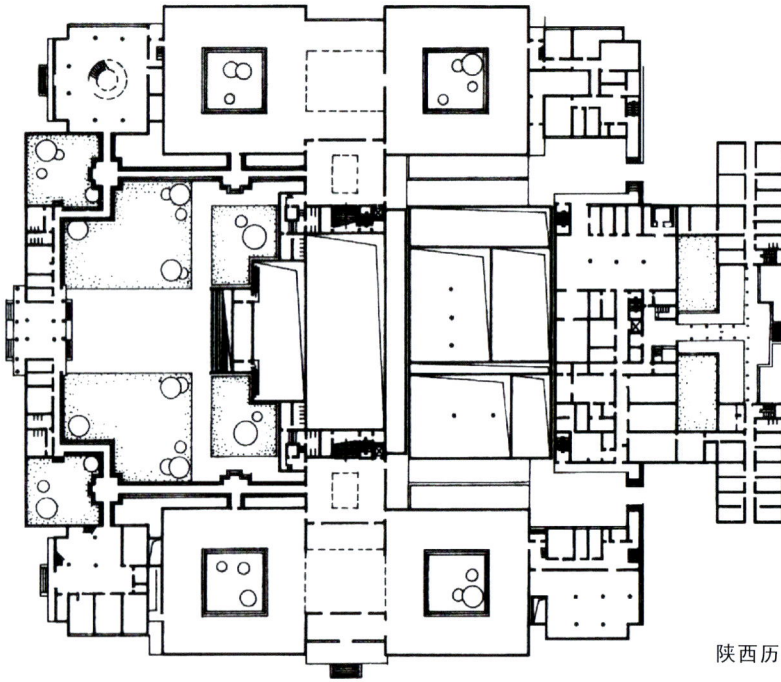

陕西历史博物馆一层平面图

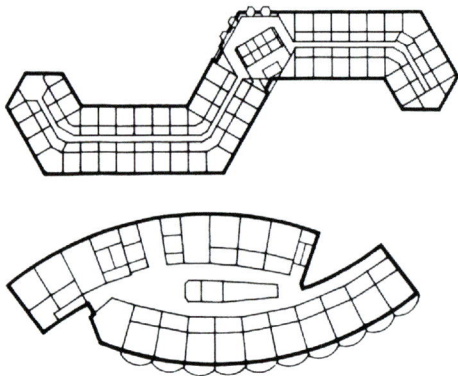

深圳西丽大酒店平面图

第三节 空间构成设计的形式美

空间构成的形式美多是通过理性的分析思考，对自然界的形态进行空间模仿（对自然界的形体直接模仿，不做大的改变）、抽象提取（将自然界的精髓加以提炼，再被设计者重新解释并应用于特定的空间）、类比（它来自基本的自然现象，但又超出外形的限制，通常是在两者之间进行功能上的类比），把一些不规则的有机体组织在一起，来体现空间设计中的形式美感。

一、多种形体的整合

通常使用多种设计主体，并以此来产生很强烈的统一感，但通常需要连接两个或更多相互对立的形体。在空间设计中，最佳的组合是利用颜色或造型角度变化的连接。

上海世博园法国馆内庭设计是在空间的形式上，利用竖向等距柱列增强了空间的层次感，但在柱形的形式上，利用个体的变化增加趣味性。

本空间运用统一的色彩将多种造型元素整合在同一空间中

二、统一与变化

统一是把单个设计元素联系在一起，使人们易于从整体上理解和把握事物。统一意味着部分与部分、部分与整体之间的和谐联系。这种联系是建立在相近的一个主题思想之上的，利用类似的外形、布局和材质等要素使不同个体得到统一。变化则表明其间的差异，统一应该是整体的统一，变化应该是在统一的前提下的有秩序的变化，变化是局部的，但变化过多则易使整体杂乱无章，无法把握。例如非对称式的空间设计可以将不同的形态、不同的颜色和质地，利用轴线将它们组织在一起达到均衡，而在它们的组织要素之间又要体现其个性特征，这种的表达方式就又是变化。

利用圆环这一设计要素使空间形象得以统一，但采用色彩和材质的变化，使统一与变化相融合。

三、协调性

　　协调性是各个设计元素和它周围环境之间相一致的一种表现状态。协调性与统一性所不同的是，协调性是针对各个元素之间的关系，它是针对整个画面而言，那些看似混合、交织或彼此适合的元素都可以看作是协调的，而那些干扰相互间的完整性或方向性的元素是不协调的。就像我们听的音乐会，如果每个演奏者只是为显示自己的乐器表演精彩度，而不顾及整体效果，那么表演场面就会相当混乱，因此只有在指挥者的统一指挥之下，才能将乐曲表现到最佳的效果。可见，指挥者就是整体的主导者。在空间设计方面，主题就是整个空间的主导者，它的设定与表达方式对空间的影响是至关重要的。在空间设计中，所有的设计要素都要配合主题进行完善和调整。除此之外，空间的协调性还在于注重空间中应具备的平滑过渡、牢固的连接，也就是不同元素间的缓动区的设计。但是在同一空间中，过分地强调运用具有相似特征的要素时，协调就会陷入一种乏味的空间中。

将不同材质、不同色彩、不同空间形态的物体，利用"圆"这一设计要素将它们融合在一起。

四、趣味性

　　趣味性是人类的一种好奇，着迷或被吸引的感觉，可以通过一定的个性空间来反映。在设计时使用不同形状、尺度、质地、颜色的元素，以及变换其常规的方向、运动轨迹、声音、光线等手段可以产生一定的趣味。

五、简洁

　　它是设计的目的性更为清晰明了的一种基本的组织形式。但是，过于简洁也可能导致单调。简洁作为空间设计中的一种语言，它表示运用少量的构件、形式和材质的差别，以"少就是多"的法则来加强和关注主题思想。就如毕加索所说"如果你有三件东西，选出两件就好了。如果你能拿到十件，那么拿五件。这样一切就会尽在你掌握。"

在外观形态造型上，选用单纯的几何长方体，利用重复的洞口造型，形成虚面体，打破了单一形体的呆板感。

利用等距重复的柱列与光影产生出的虚面体，打破了空间的单调感。

七、均衡与稳定

当各部分的质量和形态，围绕一个中心焦点而处于安定状态时称为均衡。它是部分与部分、部分与整体之间通过其大小、形状、色彩、质地所取得的视觉上的平衡，一般来说，有对称和不对称均衡两种形式。对称均衡是指中心点两边的物体在各个方面均相同，其空间状态是简单的、静态的，但也容易产生呆板感；不对称均衡在体量上一般运用颜色、质地来达到平衡的效果，其空间状态则随着构成因素的增多而变得复杂、并赋予了动感。

六、强调

强调是在空间设计中突出某一种元素，使它具有吸引力和影响力。通常根据空间的性质，围绕预期的目的，进行有目的的突出重点处理，经过运用加强和消弱的处理手段，使整体空间主次分明、重点突出，形成视觉的中心。

有限地使用强调能使人消除视觉疲劳并能确立空间行动方向。强调某一种设计语言，如优美的曲线，也会使空间的主题更为突出。

空间中利用形态的凹凸与色彩上的对比，使不对称的空间形态具有了均衡稳定感。

绝对对称空间产生的均衡稳定感

利用线形组成的面对空间形成强调

绝对对称空间产生的均衡稳定感

八、顺序

顺序同运动有关。在空间设计中按照人们的活动习惯或功能要求进行前后顺序的设计，以达到空间组织中的前后序列感。在行走中的停止点，如平台、坐凳或一片开敞的休息空间等，都是重要的运动停止间隔点。人们穿越外部空间的同时也在体会着这一停止性空间，那些外部空间和停止空间之间的一系列联系物就形成了有序的前后顺序空间。在运用这种美学规律时，一般在设计的开始最好不要显露出所有的空间形态。

九、韵律与节奏

在空间设计中，韵律与节奏就是重复某些有特点的组合，它通常用于那些不强调特定方向感的空间之中。在空间中产生韵律节奏的方法很多，常见有：

1. 简单韵律

即由同种因素等距离反复出现的连续构图。也就是我们通常所说到的重复，其特征是利用等差别之间的变化使整体具有统一感和庄重感，它可以在空间中无止境地进行重复。如等距的柱网、等高等距的长廊等。

2. 交替韵律

即由两种以上因素交替等距离反复出现的连续构图。在空间中这几种因素相互制约，表现出一种有组织的变化。如垂直升高的楼梯，在垂直升高形态上一段踏步一段水平面相互交替出现等，但在有规律的交替中，偶尔一些微弱的变化也可造成一种不破坏整体的独特的风格。

3. 渐变韵律

是空间布局连续进行重复的一种表现形式，其特点是在某方面作有规则的逐渐增加或减少从而产生的韵律。如体量的大小、色彩的浓淡、质感的粗细等变化手法。

4. 起伏曲折韵律

由一种或几种因素共同组成，在表现形式上出现较有规律的起伏曲折变化所产生的韵律。这种韵律较为活泼，极富有运动感。如在自然空间中连续的山丘、建筑、树木、道路等。

5. 拟态韵律

在空间中既有相同设计要素又有不同设计要素反复出现的连续构成。这种韵律较为轻松自如。如中国古典园林中常运用的各种形状的花墙和景窗外形，在同一外在形式下，花墙形态内的景观布置设计又各不相同。

6. 交错韵律

在空间内，某一因素作有规律的纵横穿插或交错，其变化是按纵横或多个方向进行的。如路面的铺装，用卵石、片石、水泥、板、砖瓦等组成的各种花纹图案。

垂直界面上渐变产生的韵律

利用建筑构件体态上的大小变化形成空间韵律

利用旋转形态，使楼梯产生空间的韵律感。

利用对称的手法，产生的均衡之美。

拟态韵律的代表，利用溪水上的木质桥与溪面上的石质"桥"，做了空间中的相同功能、不同手法的对比处理。

在空间中运用同一装饰材质的不同组合形态形成空间韵律。

利用形态和颜色的重复，强调了空间的韵律感。

第一节　空间的感觉

通过对空间的认识，我们通常把空间分为物理空间、心理空间、知觉空间三大类型。

一、物理空间

物理空间是指为各种类型或形态的实体所限定的，可借助工具测量的空间，也就是我们所说的"两者之间的距离"。我们通常可以利用一些实体物质，如建筑物或构筑物来体现这类空间类型。

二、心理空间

心理空间是没有明确边界却可以通过一定的心理暗示使观者感受到的空间形式。一般在空间的形态上不创造清晰的内在或外在的实体边界，空间形态会随着观者所处的方位不同产生不同的心理触动，形成它独特的吸引力。

三、知觉空间

　　知觉是事物本身所具有的特性直接作用于人的感官器官，再通过脑部的信息处理对客观事物进行整体的判断和认定的过程。比如在冬季看到窗外刮起的大风，判断今天会比昨日冷，就要多加衣物进行保暖处理。

　　通过对空间中物体距离、形状、大小、方位等特性的知觉感触的研究，发现两个视网膜上的映象会略有差异，从而形成观察空间物体关系的重要判断依据。这种差异能使人在通过左右两眼的两维成像在视网膜刺激的基础上形成三维空间映像。由此可以解释出，为什么当人一只眼睛观察物体时容易在距离感上产生误差的原因。通过这一原理的发现，衍生出多种根据不同的环境需求的心理反映空间感。

1. 空间紧张感

　　紧张是指物体受到几方面的作用力后所呈现出的一种密切状态。

　　空间紧张感有两个方面的含义：一是物体的形态具备从原状态脱离的倾向，而从心理感觉上形成新的一种感触形状、形态；另一个是两个分离的形态构成一个整体的具有空间性的最大距离，这种手段多用于创造具有动势的空间中，如果在空间中超越这个距离，整体形态分散而不能成为一个整体。小于这个距离，虽然能构成整体形态的紧凑感，却能感觉到两个形态的拥挤和堵塞。当然这种拥挤和堵塞感也与所限定物体的高度、深度等有关。当两个形态构成适当的距离，其所夹持的空间就具有了扩张感（形成体感的张力组合），如在空间处理形式上就有"引导与暗示"相结合的手段，即通过狭长的容易产生紧张感的空间形态，诸如道路、桥梁、地面铺装等来诱导出一种向往和期待的心理和情绪，以此来引导产生出主要空间表现手段。

利用空间中色彩的明暗变化，产生空间的紧张感。

利用不同空间层次的线体重复，为垂直界面作空间限定，以此来引导视觉中心点。

2. 空间进深感

进深指从外向里向前移动的距离。

空间进深感是指在有限的，可以借助工具测量的距离中，创造心理上的不同形态和深度感的空间感觉，目的在于用来扩展整体空间感触，通常借助透视等手段制造悬念，造成与实际尺度不完全相符的空间感觉，常见的有：

（1）采用形体的大小渐变

以空间中一个已知对象的大小形状为标准，用以推断到整体空间的深度和距离（利用同规格的窗户或门大小作为测量标准点），借用一点透视的规律来造成空间，从而产生近大远小的深度幻觉。

（2）强化透视线消失的角度

将所有垂线的高度变化作为空间进深的参考依据（如建筑中列柱和窗线），在欧洲的一些教堂建筑内，常常利用这种手段采用拱形和小拱形的渐变，造成看似比实际空间深得多的心理错觉空间，以此强化教堂的空间深度，并利用深度感来阐释宗教带给人的神秘。

（3）利用重叠与遮挡

当前面一个物体遮住后面一个物体的一部分时，后面被遮住的物体就会带给人心理暗示，认为空间所处的距离离这里较远，而前面的遮挡体本身在空间中则看起来比较近。同时利用遮挡物体的受光面与投影所产生的关系，使空间的进深感更为强化。

（4）利用结构体形态

利用固定规格的建筑结构体形态的递增或递减能够产生空间进深感（如墙面上的肌理和地板上的瓷砖纹样，会随着距离推远变得越来越细密）。这种手法在现代的大型建筑空间中使用较为广泛。

（5）利用光与影

物体的受光面与背光面能带给视觉以明确的空间深度感触，光亮的物体在空间中容易显得靠近些，阴暗的物体在空间中容易显得深远些。通常空间中一个物体的远近，可以由该物体所处空间的明亮程度和阴暗程度来共同表示和反映。

一般情况下，在同等级色差的物体空间中，明暗对比较强的多容易产生空间距离较近的感觉，明暗对比较弱的多容易产生空间较远的感觉。

（6）将视平线和灭点遮挡

利用被遮挡物与观者所形成的空间之间，阻挡物所带来的虚实体态的对比，运用虚体中的疏密形态将有限空间向无限空间延伸。就像中国园林布局中，通过"藏"与"露"的手法，采用欲现而隐、欲露而藏的表现形式，使精彩的景观点在忽隐忽显、若有若无的空间环境中，空间形态借此手法得以扩大。

3. 空间流动感

流动指物体改变原有的位置或姿态所进行的空间移动。

空间流动感的创造主要借助观赏者在空间中的运动和视线穿透来实现，在空间安排中多利用空间引导与暗示的手法，要求空间形态中的开敞性和导向性的组合形式更加丰富多变。但这种形式又不同于我们所说的导视系统，因为它们之间最根本的区别是空间流动感要完全借助空间形态来完成，而导视系统需要展示文字说明来完成它的功能。流动感一般利用空间组织中的各类形态，使观者无意中沿着预先设定的方向或路线从一个空间转入另一个空间。

（1）在较开敞空间内，借助形态曲折的立面，利用人们对立面造型的运动感产生心理依附，吸引人们视线去向前行走，最终达到设计的目的。

日本某服装店设计，利用不同曲度分层排列的木质曲线，创造出空间的流动感。

在居室内，利用垂直界面的曲线造型变化，创造出空间的流动感。

（2）在共享空间内，设置垂直交通工具，如楼梯、电梯等引起人们的好奇心理，使人们对视觉范围以外的空间产生猜疑，并促使观者朝被隐藏的空间运动。

（3）在较封闭的空间内，设置具有通透感的隔断，利用造型处理将内部空间半遮半挡地展现在观者的视线内，使观者对被遮挡空间产生兴趣，从而引起要进入被遮挡空间的心理需求。

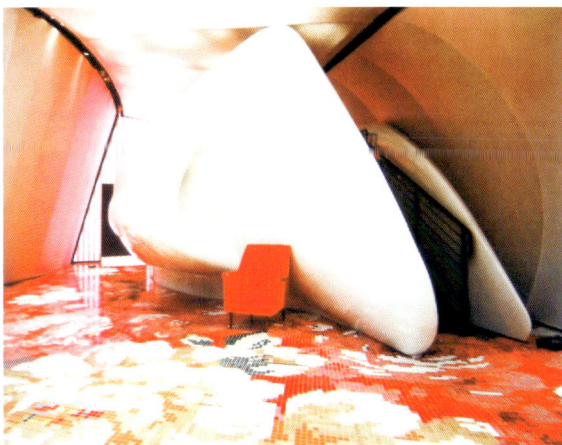

颐和园后山建筑群，在垂直空间的安排上，利用错落遮挡的造型布置方式，使游人产生空间好奇感，引导游人的流动方向。

在室内空间中，利用自动扶梯的穿插组合，使人对被隐蔽的空间产生好奇，从而引导人流行进方向。

4．空间渗透感

渗透指两种物体慢慢地透入或穿通，促使两者产生了一定的共性。

空间渗透感指打破原有空间之间相对的隔阂分裂形态，通过空间之间的彼此穿入、相互借用达到相互共生的状态，即你中有我、我中有你的意境。

（1）将外部空间形态引入内部空间，称为内空间的外化；或把内空间的形态延伸到外部空间中，称为外空间的内化。如园林中的廊，不仅可用来连接各单体建筑，而且还可以用它来分隔空间并使两侧的景物互相渗透、融合，起到共存的作用。它在空间布置上往往通过一条曲折透空的形态横贯于园内，将原有空间进行了分割，但因它所具有的空间虚体体态，随着两侧空间的互相渗透，每一侧空间内的景物都将互为对方的远景或背景，而廊本身在空间中承担中景的作用，也极大地丰富了空间层次。

（2）借用室内空间中完全透空的门洞、窗口，使被分隔的内外空间互相连通，有的甚至透过一层又一层的玻璃隔断不仅可自室内看到庭院中的景物，而且还可以看到另一室内空间，使其形成更远的空间形象，将空间层次的丰富性大大提高。

（3）除了同一层内若干空间互相渗透，还可以通过旋转楼梯、建筑夹层的设置和处理手法，运用多种垂直空间的变化形态，使上下层，甚至许多层空间穿插渗透，组织成为一个立体的多样化空间形态。

5．空间扩张感

扩张指使物体扩大、张大。

空间扩张感指增强心理尺度的扩大感，主要是利用视错觉造成，可借用一些心理引导和心理暗示来完善此空间形态。空间的扩张表示手法包括垂直向扩展、水平向扩展、创造和利用复层空间、扩大顶部限定面积等手段。

（1）在水平界面和垂直界面中，可以借助各种造型带给人的不同感触来增强空间的扩张感。如利用材料本身的横向、竖向纹理造成扩张或收缩的感触。

（2）在水平界面和垂直界面中，通常利用光影的设定来增强空间感。如采用发光顶棚、发光围合界面、发光地面和各类高反光材料等来提高空间扩张感觉。

（3）在空间中，采用空间物体的相互借用来体现空间的扩张感，这在中国传统园林中最为典型。

◆ 借景

是中国古典园林艺术中特有表现手法之一。它包括两个方面：一是把园外的美景借入园中；二是指使园内景物巧为安排，能互为借鉴。中国古典园林布局设计的核心就是为了扩大景物的深度和广度，丰富游赏的内容，除了运用多样统一、迂回曲折等造园手法外，造园者也常常运用借景的手法，收无限于有限之中。就像《园冶》中说："夫借景，林园之最要者也，如远借、邻借、仰借、俯借，应时而借"，这种全方位和动态的借景，是构成中国古典园林中各类景物令人应接不暇的主要原因。

◆ 对景

其关键在于"对"，通常采用在园内主要的观赏点和游览路线的行进方向上布置景物，从而形成各种对应景物。在安排上讲求随着曲线的布局步移景异，层层推出或从某一观赏点出发，通过房屋、山门、窗或围墙的门洞作为画框来取景；或者通过走廊与形式各异的漏窗可以看到构图不同而又连续出现的景物画面，使观者在行进中感到新奇和兴奋，并以之来控制空间的扩张感。

6. 空间错视感

错视是我们感官知觉中的视觉进行常规判断时，同所观察的实际事物特征之间存在的矛盾。

任何人的肉眼，在观看外界物象时，因为周边环境的影响，并不一定总能准确无误进行判断，往往会产生将同一长短的东西看成异长、同形的看成异形、同大的看成异大等异常感觉。

当观察者发觉到自己主观认识上的认定和观察物之间在形体、形态、大小、空间等不相符合时，就产生了错觉感的混乱。在设计时，借用此感官特征来创造带有特定含义的空间类型，成为进行空间设计的有效手法之一。如空间的视觉联系设计是使从一个空间望到另一个空间，甚至望到第三个空间，由此而造成景物深邃，产生空间增大的错觉。在中国古典园林设计中的具体表现体现在两个空间之间设各式各样的门窗洞口，如漏窗、花窗、月洞门、瓶形门洞等，利用从漏窗、洞门中透射过来的光影，暗示另一个空间的存在而引人遐想。所以中国古典园林的空间处理，可以称之为藏的艺术，并成为现代空间设计的典范。

第二节 空间的特性

一、积极空间与消极空间

积极空间是有鲜明的领域，是有计划的、收敛的空间形态，其形式井然有序，无法向外延伸。消极空间是虚拟限定的，无计划性的，是被排除在空间序列以外的空间。因此，空间的创造就包括从无限的宇宙空间中有计划地分隔并组织出积极空间，或创造向无限大自然效仿的消极空间。就如我们所做的平面构成中的正负形设计一样。当我们将一个形态处在一定的环境中时，它们之间就有了相互的作用，当主形为正时，周围环境为负。而其中的主形就是我们所说的积极空间，周围的环境就是我们所说的消极空间。积极空间与消极空间在相互生存的基础上，会随着彼此的形态变化而变化，产生互相置换的形式。

当积极空间的面积在所处环境中大于消极空间的面积时，积极空间形态清晰明了；而当积极空间的面积过大时，消极空间的形态消失，其积极空间就转化为消极空间，消极空间转化为积极空间。

平面构成中正负形的比照图

积极空间的形态是美观的，它可以借助消极空间的形态来检查。越是简练的积极空间的形态，越要注意消极空间的造型，因此利用积极空间与消极空间的相互衬托，构成虚实空间，使空间设计变化更为丰富多样。

二、尺度

尺度是指相对于某些已知标准或公认的常量的大小。所谓空间尺度，一般是空间和人之间发生关系的产物。凡是与人有关的物体或环境空间都有尺度问题。大多数情况下我们用以确立人体尺度的工具是那些通过接触和使用，我们已经非常熟悉其尺度的物体，包括门道、台阶、桌子、柜台和座椅。这些部件可以借助测量出空间中人体尺度，这就是人们权衡空间的大小、高矮等感觉上的量度问题。它还是确定建筑与人体之间的大小关系和建筑各部分之间的大小关系依据，而尺寸也存在宜观上的大小，如门高2m～2.5m，栏杆一般高0.9m。因此处理好尺度关系是表达整体的空间效果的重要手段之一。通常来讲，在大型空间中，当水平尺寸是人身高的2～20倍、垂直尺寸是水平宽度的1/3～1/2时，是使人感到适宜的最佳尺度。

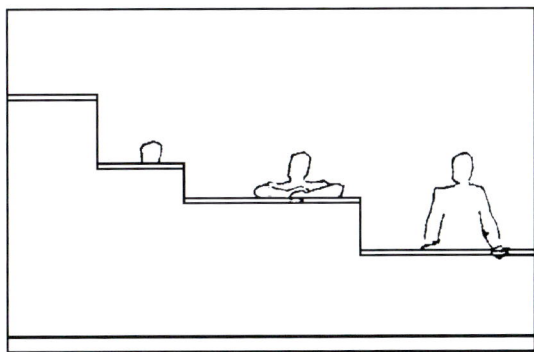

人与隔墙的尺度对照图

1．尺度与尺寸

尺度是视觉、触觉和动觉的联合活动的统一体。人们正确的判断尺寸的实际尺度感来源于以下几个方面：

（1）当观测者与大小不同的各类形态等距相对时，大小的各类形态与它们在观测者视网膜上视像大小成正比。

（2）当大小不同的各类形态与观测者的距离远近不同时，观测者所形成的视像大小与形态的距离正好成反比。

◆同一形态距离近时视像大，距离远时视像小。

◆远处大形态与近处小形态在视网膜上的视像可能是相等的。

◆远处大形态在视网膜上的视像反而小于近处小形态的形象，这时单凭视像大小已不能正确判断形态的实际大小。

2. 尺度标志

（1） 从一般意义讲，凡是和人相关的物品都存在着尺度问题。创造形态大小可借助于人的尺度为参照物，比如建筑空间中走动的或坐着的人可直接衡量建筑体量的大小。

（2） 在没有其他人在空间中时，某物体的尺度也可以通过已知近旁或四周物体部件尺寸来判断。如在空间中放置的桌子、椅子等。

（3） 空间中的各个部件可以同整个空间、部件之间以及和人发生各种关系。有些部件有着自身正常的符合常规的尺度，但是与其它部件相比却是异常尺度。这种超乎寻常的尺度可用以吸引注意力，也可以形成或强调出一个焦点。

3. 外空间和内空间的不同尺度感

在尺度上，同一形态的物体设置在室外空间中，总比在室内空间看显得小些，这是由于室外空间中的参照物都较大，视野较开阔，而室内空间较为小，参照物也较小所造成的。

4. 空间尺度类型

在空间设计中，可以将尺度分为三个类型：普通尺度、超人尺度和亲切尺度。

（1） 普通尺度是我们在日常生活中最常使用的尺度，它能使观者从心理上感到舒适感，度量出自身正常的体量，如工厂、商店、住宅等建筑。

（2）超大尺度就是尽可能大地夸张实际的尺度。它是人对自己生存环境进行重新审视的一种思维方式。通过一些超大尺度的设计对空间产生一种神秘的、不可逾越的感触。这种尺度在大教堂、纪念建筑和公共建筑中使用得比较多，国家性的建筑也多运用这种手法，它是一个国家和一个民族自豪感的体现。

（3）亲切尺度是尽可能地将空间做得比它的实际尺寸小，利用这种小来唤起人们的亲近感。如园林建筑就是以小于真实尺度而获取人的亲切感。在一些娱乐空间内，也尽可能地采用将空间尺度进行分隔的处理，让它们产生一种非正规的、私人性的亲切感和私密感。

三、比例

比例体现的是事物的整体之间、整体与局部之间、局部与局部之间或某个个体与另一个个体之间的一种关系。这种关系可以是数值的、数量的或量度的。

比例会使构成中的部分与部分、部分与整体之间产生一定的联系。一个物体的外观大小实际会受到它所处环境中相对于其它物体大小的影响，因此在空间形态中，必须考虑三维度上的比例。

1. 比例与比率

人们最熟悉的比例系统是黄金分割比，它是古希腊人欧几里德从人体的比例中建立起来的。希腊的神殿和米罗的维纳斯雕像的基本尺寸亦应用了黄金比，因此也被称为神圣的比例，它被当作支配大自然和生灵万物的结构，并作为支配艺术结构原理的规范。它所分隔的形，具有整体的协调性。黄金分割比从古希腊至今，仍然被许多绘画、设计、建筑所应用。

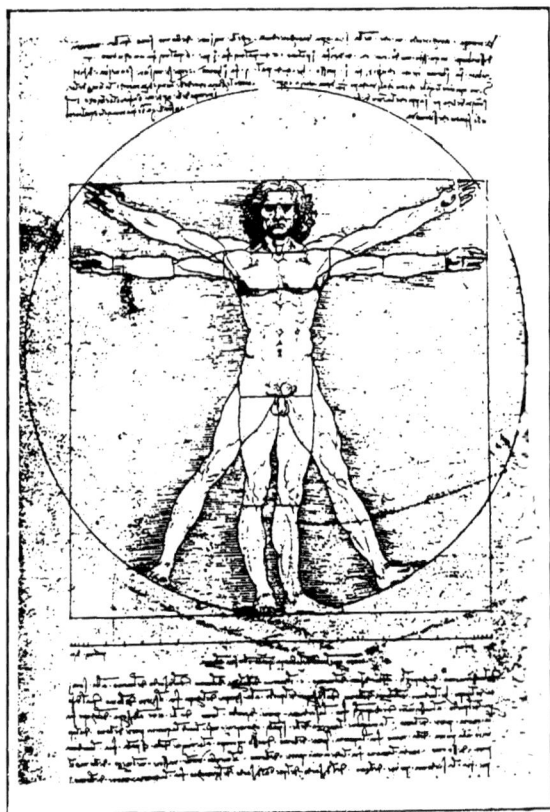

黄金分割比的定义是一个整体中的两个不等部分的特定关系，即大小两部分的比率等于大的部分与整体之比。其中所述的比率是指两个相似事物间的数量比，比例是指比率的对等量，因此，任何一个比例体系均存在一个特定的比率，它是存在于比率和比率之间的一个恒定值。我们一般取至小数点以下第三位数，即1.618。数学中的3：5、5：8、8：13、13：21、21：34等最接近这种黄金比。在图形中可见有：

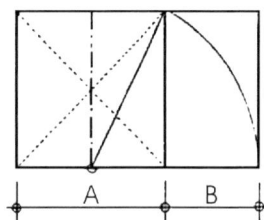

黄金分割比B/A=A/AB

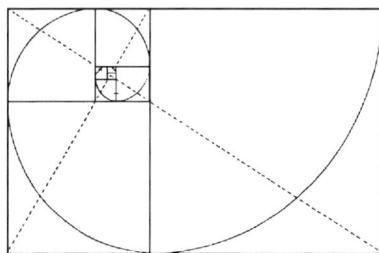

由黄金矩形组成的协调构图

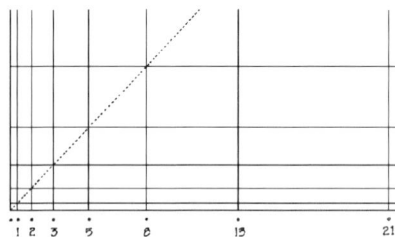

"斐波那"级数是一组数列，每一项均为前两项之和，其相邻两项的比率接近黄金比。

2. 比例系统——模度尺

现代著名建筑师勒·科布西耶把人体尺度和比例结合在了一起，并提出了"模度"设计体系。他把希腊人、埃及人以及其它高度文明社会所用的度量工具视为"无比的丰富和微妙的，因为他们造就了人体数学的一部分，优美、高雅并且坚实有力，是动人心弦的和谐之源——美"。因此，勒·科布西耶将他的度量模度建立在数学的黄金分割比和斐波那数列和人体功能数据的基础上。他于1948年发表了《模度尺——广泛用于建筑和机械之中的人体尺度的和谐度量标准》，1954年发表第二卷《模度尺Ⅱ》。

在他研究的比例体系中，模度尺的基本网格由三个尺寸构成，113厘米、70厘米、43厘米。正好按照黄金分割比分为：

$$43+70=113$$
$$113+70=183$$
$$113+70+43=226$$
$$2×113=226$$

也就是根据人的活动规律，常规的坐姿高43厘米、借用书写家具高70厘米、站立操作台高度113厘米、站立穿越空间的高度183厘米、站立触摸空间顶部的高度226厘米的设计模度。勒·科布西耶还创造了红尺与蓝尺，用以缩小与人体高度有关的尺度等级。这一模度尺，一直影响到我们当今与空间有关的各门类设计，并为空间中设计的统一化、国际化奠定了坚实的基础。

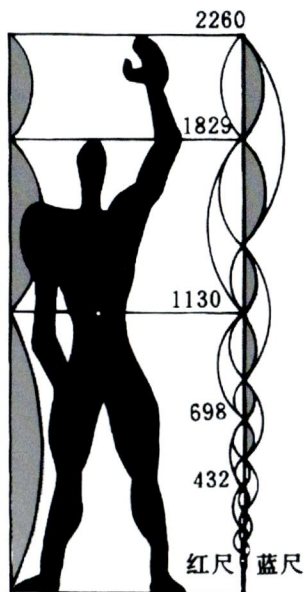

3. 比例与视觉感

比例运用在一个空间中的各个构件之间，也就建立起一种连贯的视觉关系。它是改善统一性和协调性的重要手段之一。当我们处于一个特定的环境里时，当观察空间组成要素和特征再增加一份就太多、减少一份就太少时，在这样的空间中就有了较为合理的比例了。

4. 空间比例感

（1）空间围合的比例以及由此产生的空间感程度，一般取决与室外空间中的人与周边环境的距离。按照加里·罗比内特在《植物、人和环境质量》一书中所提出的标准，如果人与周围建筑物墙体能构成1:1的视距和物高比例，或视角为45°，则该空间将达到全封闭状态；如果视距与物高比为2:1，该空间处于半封闭；若为3:1，则封闭感将完全消失。

（2）视距与周边景物的关系，不仅影响空间围合，也会影响室外空间的使用性。在约夏诺布·阿什哈拉《建筑物的外部设计》中分析了视距与物高的比例，以及对室外到室内等级的影响效果。最具私密性的空间，其视距与物高之间的比例值在1～3之间。

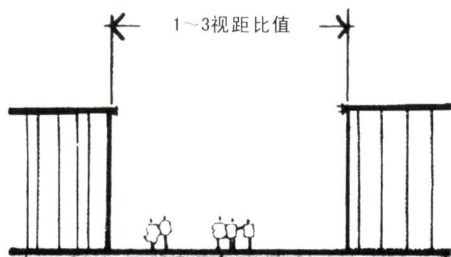

而开敞性最强的空间，其比例值为6或更大；

在空间中当视距与物高比值小于1时，周边的物体就会向中心收拢，形成狭小的空间心理感受。要想使不舒服的空间围合感消失，在设计时最佳的视距与物高之间的比例应在1～3之间。

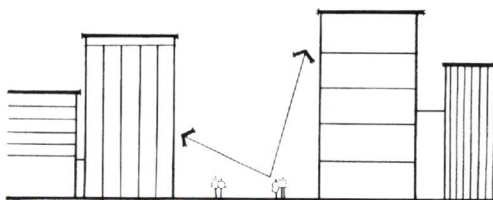

低于1的视距比值

本民居在空间组织布局上视距比值相对较低，形成较为狭小紧缩的空间感受。

四、空间、行为、场所

空间和砖瓦木石一样都是物质的，它不仅具有直观感受，也间接影响着在其中活动的人群。在空间中放置一个物件，马上就产生了视觉上的关注，当另一物体被放入后，物体与空间、物体与物体之间就形成了空间，它们是可用语言和绘图加以表达和描绘的。

人的行为却经常随各类客观条件的变化而变化，难以用固定的模式加以肯定。但是空间与行为却是相互依存的，倘若空间中没有任何行为的发生，空间则只是闲置空间，必定会随着时间的变化而变化。相反，人的社会行为如果没有空间作为依托，犹如生活在旷野一样，无法实现其各种社会活动。所以，空间和行为只能相互结合才能丰富人的活动，才能构成具有社会意义的行为场所。

场所的概念是指有意识地运用行为的空间场地，根据人的需求、行为规律、活动空间特点、持续时间和使用频率等，以人为中心进行建筑空间的安排。作为场所，一般应具有三个条件：

1. 具有较强的诱发力，能把人吸引到空间中来，创造参与互动的机遇。

2. 能够提供特定活动内容的空间容量，能让参与其中活动的人滞留在空间中，或聚集、或分散，使他们各行其道。

3. 在时间上能保证持续特定活动所需的使用周期，发挥公共活动场所的效应。

因此，空间、行为、场所三者之间的关系是相互作用的，场所是空间和行为的最终体现，它又为行为和空间提供了一个展示的平台。

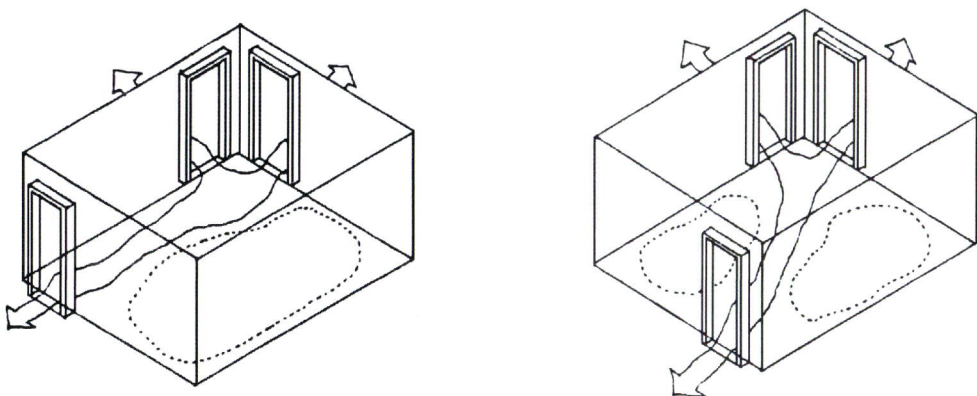

空间对人行为的影响

世界上的一切物质都是通过一定的形式表现出来的，建筑本身就是一种空间构成的表现，但是并非有了建筑就有了空间形式。形式是通过人们的主观认识而产生的，空间的功能决定不了形式，只有将人们的形象思维与建筑结构和材料相统一，才能创造出丰富多变的空间形式。

一、建筑与建筑空间

建筑其含义主要是表示建筑工程的设计与建造活动，同时又表示这种活动的结果——建筑物。它是人们按照自己的需要，从无垠的自然空间中划出一块有限的活动领域，并加以人工构筑，它是人们理想意志的物化表现。建筑物可以包含有各种不同的内部空间，同时它又被包含于其周围的外部空间之中，建筑正是由这些内外空间所组成，它为人们的生活创造了工作、学习、休息等多样的环境。建筑的外墙是在室内和室外的环境之间建立起一个分界面，在界定室内又界定室外空间的同时，这个分界面也对各个空间加以定性。

建筑的目的是解决生活空间问题，为了满足人所需要的活动空间，必然产生了建筑结构，也就相应有了建筑空间。建筑空间一般有室内空间、室外空间和室内外过渡空间三种类型。室内空间是构成建筑物的各基本要素中起主导作用的要素。它的特定用途和与之相适应的空间数量、形状、大小和相互关系等，决定着构成建筑实体的材料品种、各构件的数量、尺寸及结构与构造方式，也直接影响着建筑形象的总体造型。结构体作为确保空间的构成手段起到重要作用，空间与结构并非是主从关系，它们两者是密不可分的统一体。

二、建筑物的主要结构部件和结构体系

建筑的种类繁多，使用功能各不相同，体现在外形、大小、平面布置及材料选用和做法上都有不同程度的差异和各自的特点。各种空间的不同组合方式都是由建筑实体围合而成，其中基础、墙柱、楼地层、楼梯、屋顶、门窗是组成建筑物的主要构件，这些构件必须共同工作来支持下列各种荷载。

静荷载：建筑物的建筑方式决定了它的静荷载。这就是它的结构部件和非结构部件的重量。非结构部件包括所有的固定设备在内。

活荷载：建筑物的使用方式决定了它的活荷载。这就是使用者的重量和所有可移动的设备和家具的重量。在寒冷地带，雪载是附加在建筑物上的一种附加活荷载。

动荷载：建筑物的建造地点决定着一种潜在的，来自风力和地震力的荷载。

这三种荷载决定了各个建筑结构部件所承担的功能是不同的。

1. 基础

基础是建筑物最下部分，是建筑物与土层直接接触的构件，一般是埋在地面以下。支撑建筑物重量的土层称为地基，可分为天然地基和人工地基两种。基础是地基之上的承重构件，它承受建筑物的全部荷载，其中也含有基础的自重，并将这些荷载传到地基。它要求坚固、稳定，能抗冰冻、地下水、地下潮气及化学物质的侵蚀。

2. 墙柱

墙是建筑物竖向围护构件。按照承受力的状况可以分为承重墙和非承重墙。承重墙在空间中起到分割空间的作用，在构造上承受屋顶、楼板等的荷载，并将荷载传至基础，设计时必须达到稳固、耐久的要求。非承重墙我们也称之为隔墙，它不承受其它构件传来的荷载，只起围护作用。按照其所处的位置不同分为外墙和内墙，不管内墙还是外墙也有承重与非承重之分。

3. 楼地层

楼地层是建筑物水平方向的承重构件，同时也是上下两层空间之间的隔离建筑构件，因此有楼板层和地板层的名称。楼板层承受人、家具设备及本身自重，并将这些荷载传给墙体和柱体，同时还对墙起着水平支撑的作用。地板层是首层房间与人直接接触的部分，它承受首层房间内的荷载。

4. 楼梯

楼梯是建筑中的垂直交通设施，在对上下空间的联系和紧急疏散时使用。它在设计时的空间承受能力，应综合考虑梯段宽度、踏步级数和楼梯的形式。并符合稳定、耐久、安全等技术要求。楼梯的形式多样，一般建筑中常见的是双梯段楼梯即双跑梯，在公共建筑中还有折角、三折、双分、剪刀式和弧形楼梯等。

5. 屋顶

屋顶是建筑物顶部的围护构件和承重构件，由屋面层和结构层两部分组成。屋面层用以抵御雨雪及阳光对建筑的影响，并防止室内热量的散失。结构层则承受屋顶自重、风荷载、雪荷载等，并将这些荷载传到墙和柱。屋顶有平、坡、曲等不同形式，主要取决于房间的大小及其功能，三角形坡顶空间起到一定的保温、隔热作用，但内部空间的利用率低；平屋顶节约建材与空间，但排水设计尤为重要。在现代大型的空间结构中往往采用曲面屋顶，如壳体、悬索、网架等新型结构，避免了较多柱体遮挡视线的弊端。

6. 门和窗

门的功能是为建筑内外联系和房间之间的相互联系。门的大小和数量以及开启方向是根据通行能力、使用方便和防火疏散要求决定的。通常有平开门、弹簧门、推拉门、折叠门、转门等。根据不同的使用空间要求，决定了门在室内的宽度规格为700～1500mm，建筑入口的门一般宽为1800mm、2400mm、3000mm。同时，门不宜放在有集中荷载的承重部位，并要与窗配合，便于室内通风的组织。窗主要是为了采光、通风，同时又有分割和围护作用，通常有平开窗、推拉窗、翻窗等。窗的位置除了考虑通风和采光外，还要考虑立面上的要求，要使外立面整齐协调。在空间建筑构件中门和窗是非承重构件。

建筑构件图

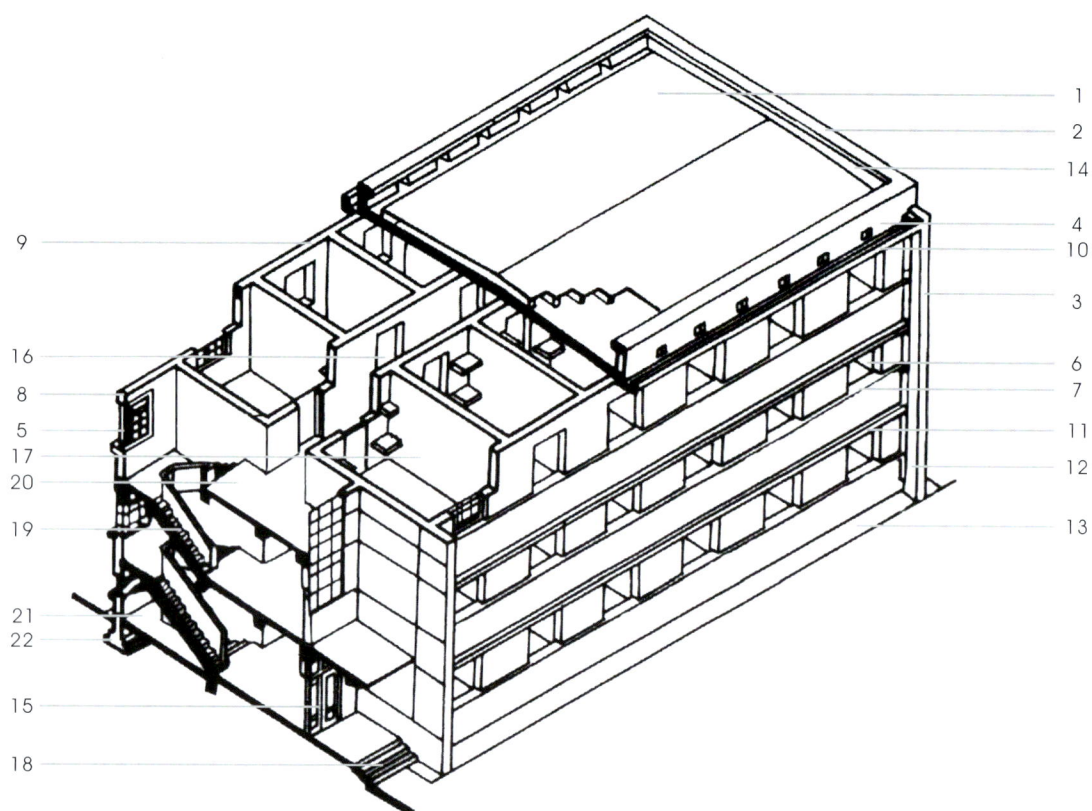

1 屋面　2 外墙　3 山墙　4 女儿墙　5 窗　6 窗洞　7 窗台　8 窗过梁　9 梁　10 遮阳板
11 雨篷　12 雨水管　13 散水　14 天沟　15 外门　16 内门　17 隔板　18 台阶
19 楼梯　20 走道　21 底层地面　22 基础

一、空间构成模型的材料与加工工艺

空间构成模型的制作是一种高度理性化、艺术化的制作，利用材料、工艺、色彩、理念等各种元素，按照形式美的原则，通过丰富的想象能力和高度的概括组织能力，综合完成的一种新的立体多维形态的操作过程。

1. 制作工具

在制作过程中，一般可采用手工制作和半机械加工来共同完成，但制作的形态和精细度与所选用的制作工具有着直接的关系。

（1）测量工具

◆ 直尺：用于测量长度和绘制直线与平行线。

◆ 三角板：用于测量长度和绘制垂直线和任意度数角的工具。

◆ 圆规、分规：用于绘制圆形和弧线的工具，分规是作为复制相等单位长度的量具被使用。

◆ 三棱比例尺：用于测量换算图纸比例尺度和加工模型尺度的工具。

◆ 蛇尺：用于对不规则曲线的形状、形态进行测量和绘制的工具。

◆ 游标卡尺：用于测量加工物体内、外径尺寸的工具，特别是对塑料类材料进行画线定位的理想工具。

◆ 弯尺：用于测量材料90°的专用工具，常见的尺身为不锈钢材质，测量的规格长度多样，它也是切割直角的常用工具。

（2）裁剪、切割工具

◆ 美工刀：也称为壁纸刀，是最常运用的一种切割工具，用于对不同材质、不同厚度材料的切割和细部的处理。在使用时可以根据选用的材料采用垂直或倾斜裁切，因为裁切的不同能产生不同的效果。

◆ 勾刀：是切割塑料类材料的专用工具，刀片有单刃、双刃、平刃三种可供选择，可以切割常规厚度的直线和弧线，同时也是板面做肌理划痕的首选工具。

◆ 手术刀：灵巧精致，切割效果好。广泛适用于切割模型纸、即时贴、卡纸、赛璐璐、ABS板、航模板等材质及相关的细部处理。

◆ 45°切刀：用于切割纸类、塑料类的45°斜面的一种专用的工具，但要求的切割厚度不得大于5mm。

◆ 剪刀：一般可以配置大、小两把，适用修剪厚度较小的板式材料。

◆ 切圆刀：与圆规类似，用于切割纸类、塑料类的圆形与弧线的专用工具。

◆ 手锯：切割木质材料的专用工具，同样也适用于塑料和金属材质，应用时应考虑具体的情况来选择锯齿的粗细与长度。

◆ 电动曲线锯：也称为线锯、锯字机。用于切割木质和塑料材质的电动工具，操作简单，加工的精细度高。可以完成直线、曲线和任意的弧线，是手工制作最佳的选择工具。

◆ 电热切割器：主要用于聚苯乙烯类材料的加工，可以进行各种形态类的切割和细部处理，是制作聚苯乙烯类块体形态的必备工具之一。

◆ 电脑雕刻机：是目前最先进的切割制作设备，它与电脑联机，可直接将各个立面及部分构件一次性雕刻成型，而且形体精确，细部详尽。

（3）打磨工具

◆ 砂纸：可分为木砂纸和水砂纸，规格多样，可用于多种材质和形式的细部磨边处理。

◆ 砂纸机：电动打磨工具，适用于平面的打磨和抛光，打磨面宽，速度快。

◆ 锉刀：常规有板锉，多用于接口的处理；三角锉适用于内角的打磨；圆锉用于曲线及圆形的打磨。

◆ 木工刨：多用于木质、塑料质的平面和侧面的切削磨平。

2. 常用材料

材料是空间构成的一个重要的因素，它直接影响了表面的形态和立体的体块状态。现代用于制作的材料呈现品种多样的发展趋势。许多生活中的废弃物也成为辅助用料被使用。但是，空间构成模型是追求整体性的最终效果，如果违背这条原则，再好的材料也会失去它自身的价值。

（1）主材类

◆ 纸板类

最基本的材料，可以通过裁剪、折叠产生不同的形态，也通过划、折的手法来创造不同的肌理。有些纸板本身就带有不同的肌理和质感，但在使用时要特别注意图案比例和主体设计形态的比例关系。

优点：品种多样，色彩丰富，适用范围广，易于切割加工，为最常见构成加工材料。

缺点：纸板厚度相对固定，对特殊需要的纸板要进行重新加工；另外纸板吸水性强，容易受潮变形；粘接速度慢，需要进行辅助固定，粘接后不能二次更改。

◆ 聚苯乙烯板

塑料质化学发泡材料，质地轻，易于裁割。多用于体块构成模型，或制作模型沙盘底盘。

优点：质轻，价位低廉，易于切割成型。

缺点：质地粗糙，造型平整度差，表面不宜着色；粘结时需要通过一些插接物（如牙签）来进行体块固定。

◆ 有机玻璃、ABS板

化工硬质塑料材料，具有强烈质感，多适用表现现代或概念性的空间。其中有机玻璃多适用制作玻璃及采光部分。ABS板为当今流行的手工及电脑雕刻加工材料。

优点：质地细腻，可塑性强，可以通过加热制作各种曲面和弧形造型。

缺点：易老化，表面容易划伤，加热时产生难闻的气味，加工时自身受热不均匀，必须借助模具才能达到理想的效果。

◆ 木板材

木板材多选用以泡桐、椴木、杨木经过化学处理制成的板材，其质地细腻，表面平整，木质松软易于加工造型，在建材市场一般可以买到。

优点：质感强烈，纹理清晰，表现力强，加工便捷。

缺点：吸湿性强，不宜粘接，容易变形。

（2）辅材类

主要功能是提高模型的细致度，加强空间造型的表现力和说服力。

◆ 金属材料

包括不锈钢、铁、铜、铅等板材和型材，适用与空间细部的加工与制作。如柱网架、构筑物、洞口的线脚装饰等。

◆ 石膏

适用范围广，为白色粉状，加工干燥后可成为固体。质地轻而硬，也可在表面通过雕、钻等手段进行造型细化处理。

◆ 粘接剂

纸质粘接剂：

白乳胶为最常规粘接剂，其粘剂强度大，干燥速度快，多用于木材和纸质的粘接，也是纸质模型后期的修补首选材料。

双面胶为纸质平面和聚苯乙烯板的辅助粘接材料，使用便捷，粘接强度高。

塑料类粘接剂：

三氯甲烷是无色的液体，是有机玻璃板的最佳粘接剂，其材料有毒，气味强烈，易挥发，在使用时必须设置在通风处。

502粘接剂是无色透明的液体，是一种瞬间强力粘接剂，使用方便，干燥迅速，保存时应封好瓶口放置。

热熔胶为乳白色棒状，通过加热将胶棒溶解，粘接速度快，无毒、无味、强度高。

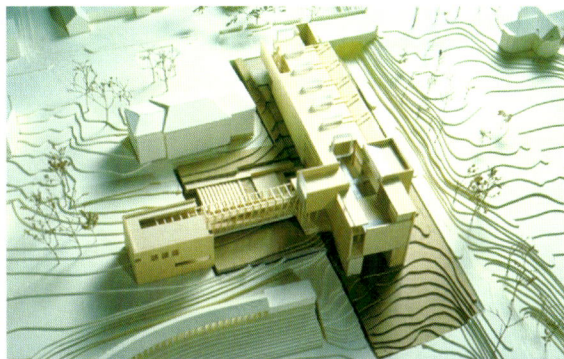

3. 空间构成模型的基本制作技法

（1）聚苯乙烯类空间构成模型制作技法

主要用于建筑外部空间构成的模型、工作模型和方案推敲模型的制作，其精细度较低。

◆ 划线切割

利用比例尺按照一定的比例尺度进行测量确定尺度。通过美工刀进行裁切，原则是先切割大形体、再进行小细部的处理。也可采用电热丝来切割本材料，这种手法切割表面的光洁度最佳。

◆ 粘接和组装

可利用双面胶带直接进行粘接，但接缝处易产生较大的缝隙。也可考虑先用乳胶均匀的涂刷后，利用大头针或牙签进行结合插入固定。

◆ 细部处理

等待乳胶干燥后利用美工刀进行细部的刻画处理。

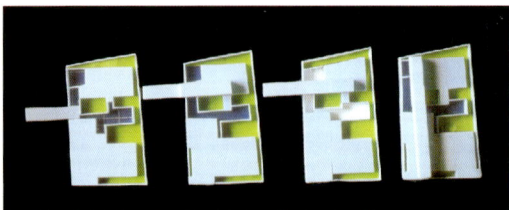

（2）纸板类空间构成模型制作技法

主要用于表现建筑内部空间构成的模型和方案推敲模型。

◆ 选择纸板厚度

常见的规格有薄纸板和厚纸板，通常应该根据空间的体量和比例尺度考虑所选用纸板的厚度，如果没有合适的，可以采用两层纸板的粘接来完成。

◆ 画线

对所要设计的空间进行严谨的分析，确定各个面体的结合形态，再将各面体按照比例绘制在纸板上。在绘制时最好选用铁笔或无珠心的签字笔为

好，原则是不要有明显的带色线的痕迹，以免影响表面效果。

◆ 裁剪

在裁剪时应使用玻璃做切割垫层，这样切割下的板体光洁，而且如果选用的板面较厚时，一定要在同一位置进行反复裁剪，不能中途松动，以免影响平面的整洁效果。在有窗洞口的位置，应放在最后做统一切割，掌握先整体裁横线，再整体裁竖线的原则，这样的洞口效果整齐一致。

◆ 粘接

可分为面与面粘接、面与边粘接、边与边粘接三种形式。

面与面在粘接时应确保两个粘接表面的平整度和缝隙的严密性。面与边粘接时，因为边的接触面小，应该确保裁剪边与面体平直并能吻合，不要有缝隙出现，粘接后可用手协助多固定一小段时间，确保粘接牢固。边与边粘接必须将两个边的粘接面进行45°角的斜面平直裁切，以确保粘接的外立面整齐统一，没有多余边线。

◆ 修整

可以利用手术刀、湿巾、乳胶等材料，清除表面的污物及胶痕，对破损的表面进行修补。

（3）木质空间构成模型的制作技法

因其所具有的自然木质纹理，所以主要用于表现特殊风格空间。

◆选料

一般要选择纹理和色彩基本一致的同一种木质，同时要考虑木质密度大、强度高的板材，防止在操作过程中劈裂。

◆画线、裁剪

按照空间形态和比例确定各个结合曲，开绘制出来，利用美工刀、勾刀或钢锯进行切裁。

◆打磨

因木质材料内在的纤维组织，在切裁的时候其断面会出现参差不齐的情况，因此必须利用细砂纸进行打磨处理。在打磨时还要顺应木质的纹理方向朝一个方向进行操作，不能在同一位置反复摩擦，并掌握好被打磨边和面的平整程度，可采用边试边磨的方法。

◆粘接

通常的拼接采用对接和45°斜面拼接法，必须要将接口处进行打磨处理，使其缝隙严密，一般选用乳胶进行粘接，但应注意不要将乳胶刷合过多，影响外观的视觉效果，这样也不利于快速干燥。

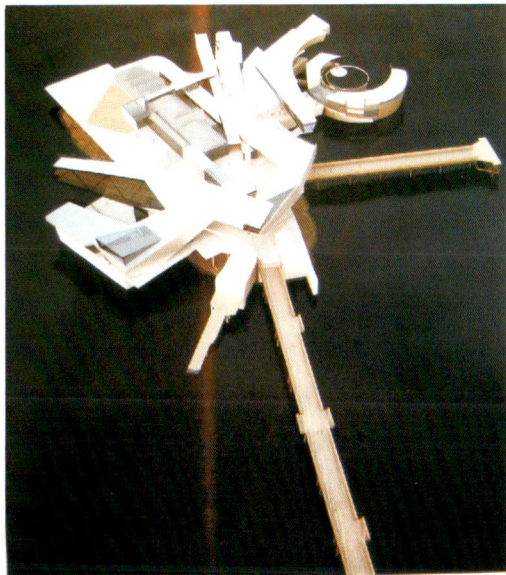

（4）有机玻璃板和ABS板空间构成模型的制作技法

有机玻璃板和ABS板属于高分子合成塑料，因其所具有的光泽和韧性，多用于表现概念性和现代理念的空间设计类型。

◆选料

通常所见的厚度为0.5～10㎜，色彩丰富，我们可以根据自己的设计需要进行选择。

◆画线、切割

因其表面覆盖着一层牛皮纸质的保护膜，我们可以直接在其上面进行放样工作。在切割上，应遵循先切割大面积再切割小面积的操作过程，利用勾刀切割时要用力均匀一致，第一次划痕要准确，为后面的切割打下好的基础。如果有需要进行开设小洞口的位置，可以用钻头进行打孔，再从打孔处进行切割处理，以达到理想的效果。也可以利用电动线锯直接加工成品。

◆ 打磨一般采用锉刀进行裁截面的表面处理，但应单向用力，力量均匀，保证断面平直。

◆ 粘接一般选用502胶和三氯甲烷进行粘接，使用粘接剂时不易量多，以免把接缝板材溶解，造成连接处的凹凸不平，影响整体效果。

（5）其它配景的制作技法

◆ 山地

在空间构成中常运用抽象手法来表现，通常有仿等高线的做法和堆积法两种。

仿等高线要先根据空间要求选择好高差，在厚度合适的聚乙烯板、纤维板、KT板等板面上绘制山地等高线，再进行切割和按照图纸粘贴。

堆积法通常是将报纸或卫生纸撕碎，将白乳胶和水以1:1的比例倒入其中，用力搅拌形成纸浆，进行山地的塑造，在塑造的过程中要注意山地的形态，山体要有丰富的变化，不能堆砌成圆形山包，等到完全干透后就可以形成我们塑造的形态了。

也可以利用石膏堆积，注意要点同纸浆堆积法，但它的优势在于可以在干透后进行人为的加工和修整，直到理想的效果。

◆ 水面

水面因在空间中是一个虚体的形态，因此在空间表现上多强调它的视觉表现效果。常运用的手法为色纸或即时贴直接剪贴或粘贴，这种表现手法常不强调它的光影效果。另一种手法是在色纸的上面加盖一层薄的透明有机板或赛璐璐，使水面产生较强的反光和倒影，用以体现和衬托主景观的功能。

◆ 树木植被

树木的制作通常采用抽象的表现手法，一般有三大类型。

利用厚度较大的聚乙烯板进行裁切，主要以三角体、锥体、圆体等几何形体为主，尽量做到简洁明快，用以配合主体空间的需要。

利用厚度较大的纸质进行插接，形成稳固的形体，因其从立面上看有较好的体态，在平面上是以线型的形式表现出来的，因此多适合于体量较完整和具有厚重感的空间。

利用木棒、金属、纸质经过加工设计成的树木，它可直可弯，具有一定的趣味性。因其形态只是以线状的形式体现，在空间中承担虚面体的功能，因此在总体的设计中不能设置过多，以免影响整体空间效果。

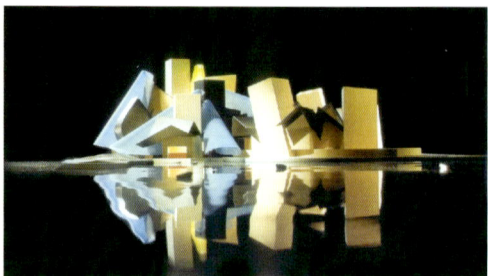

二、空间构成的电脑三维模型表现

电脑三维模型制作及渲染已广泛应用于建筑设计、三维动画、影视制作等各种静态、动态场景的模拟制作。无论是室内建筑装饰效果图，还是建筑空间形态设计效果图，电脑三维制作软件其强大的功能和灵活性都是实现创造力的最佳选择。现在电脑三维制作软件开发拥有许多理想化的命令供运用者使用，极好地延展了设计使用者的设计构思表现手法。在实际的操作过程中，能真实地将设计者的设计理念分层次地、多方位地展现出来，将视觉对象还原到原始形态，模拟通过利用各种设计组合要素，依据内在的规律进行组合，创造出一种新的立体多维视觉形态，其优势是纸质图面和模型不能比同的。

电脑三维空间构成模型，能够从设计构思的开始就打破传统设计中从平面开始的概念，使立体空间这一概念一直贯穿在设计之中，并对各个形体的体量、大小、形态包括它们在空间中的组合或连接以及全方位的造型形态等都能全方位地展示出来。

电脑三维空间构成模型对于构思设计方案的调整和修改过程中的作用是其它表现手段无法比拟的。它突破了平面纸质设计中调整一个造型与其相关的设计图纸都得改动的缺陷，能让设计者从各个有利角度来观察空间的各个区域；这一潜在的手段也体现在对构成模型的确认和理解体块的组织、材质的色彩与质地上，并不同程度地提高了设计的效率，并为空间构思模型的终稿奠定了一定的基础。

因此，平面纸质设计图、电脑三维模型表现、空间构成模型这三种表现组成了空间构成的主要表现的形式，因其所具有的不同的优势与表现感触被不同的空间表现形式所运用。熟练地掌握这些手段是进行空间构成设计表现过程中不可或缺的手法之一。

在进行电脑三维空间构成模型的表现上，应注意除了相应的立体形态外，还应将四个立面进行细致地推敲和渲染，通过多方位的角度观察空间造型，以期达到最佳的设计效果。

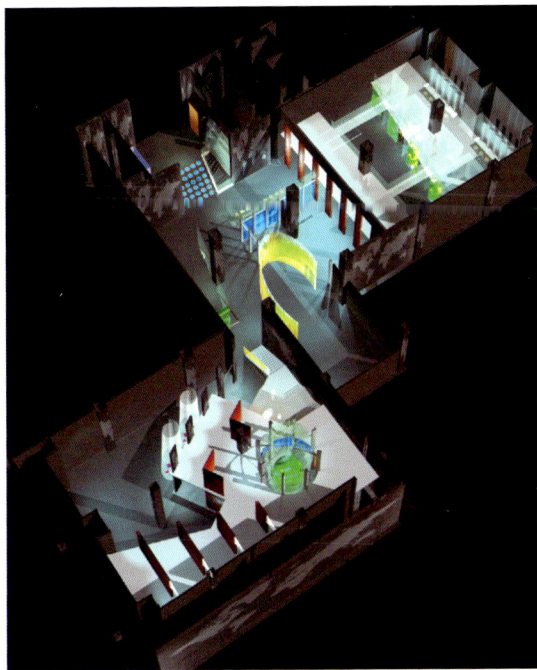

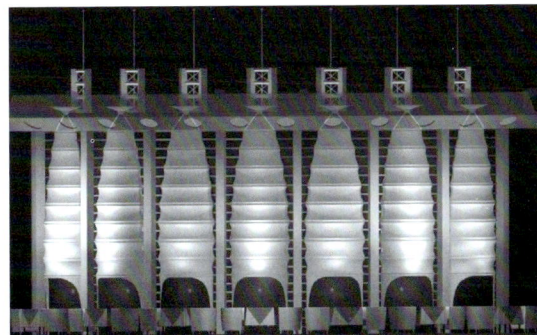

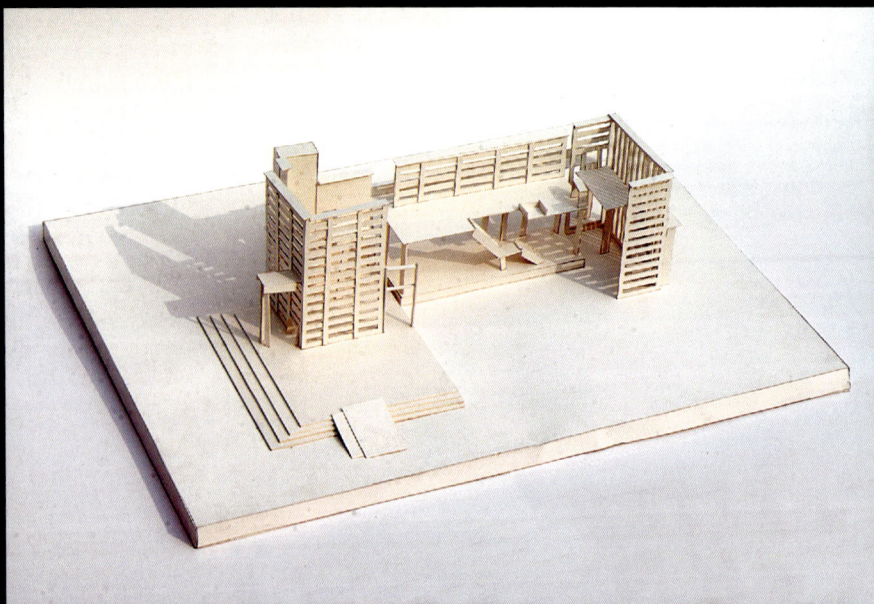

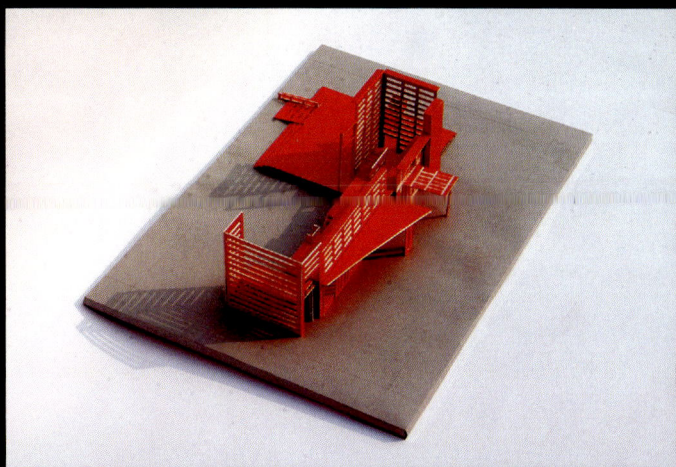

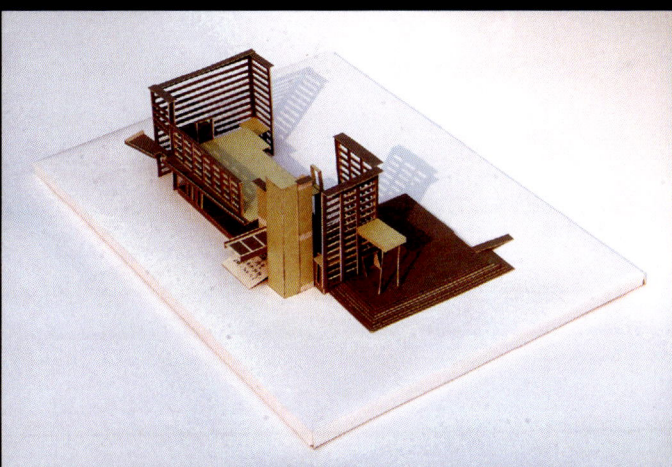

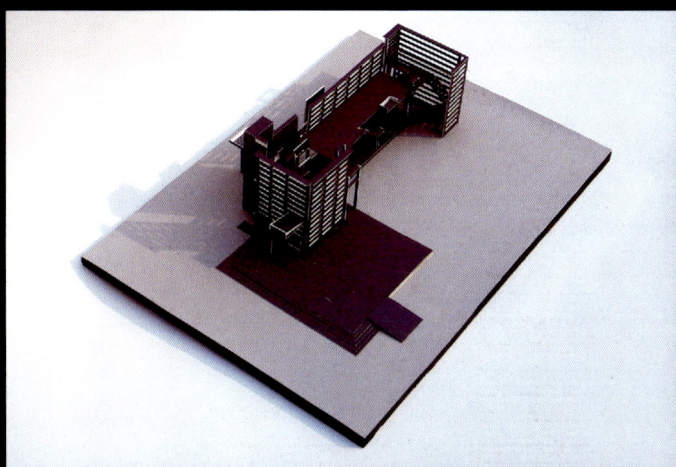

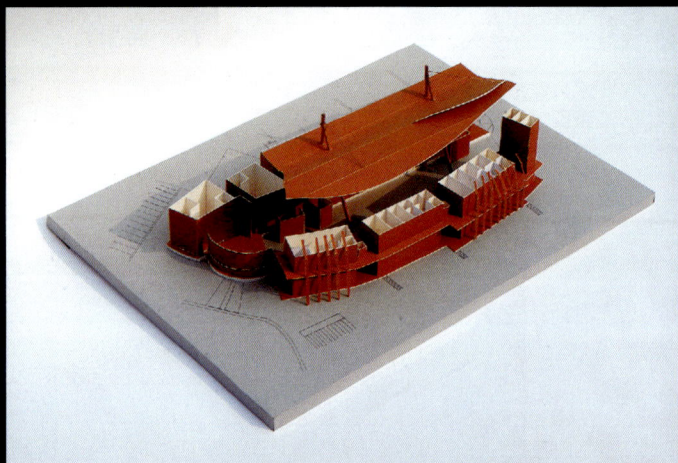

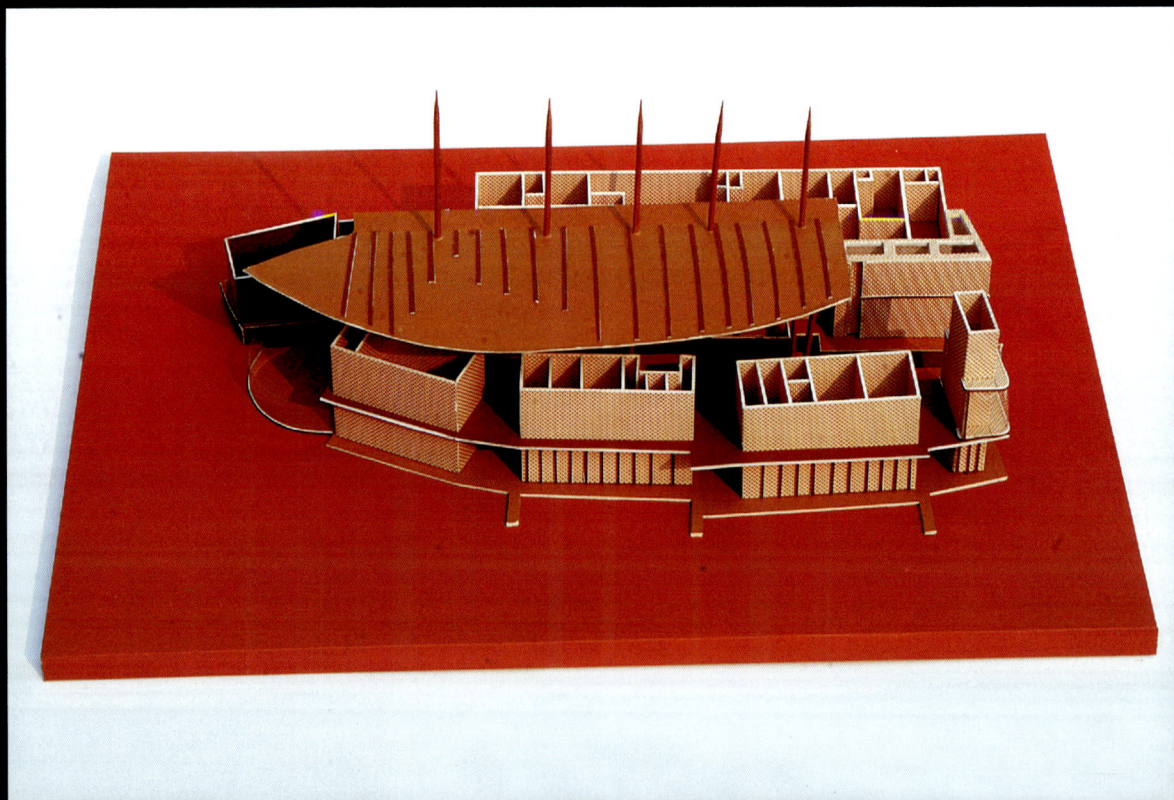

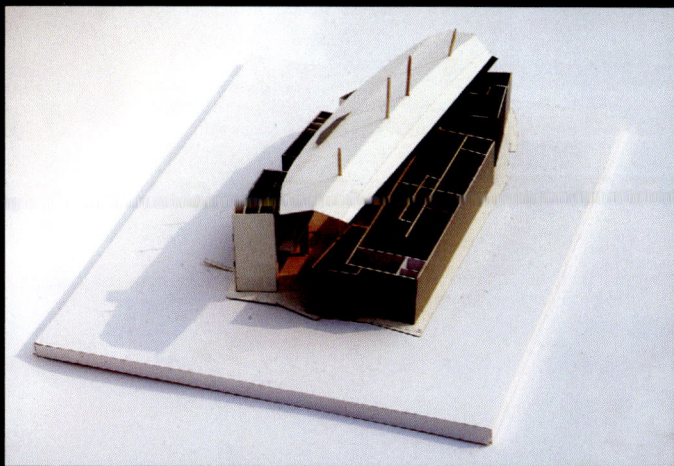

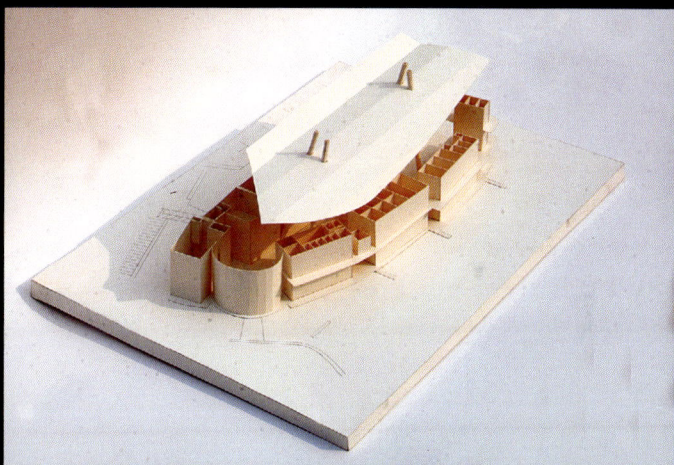

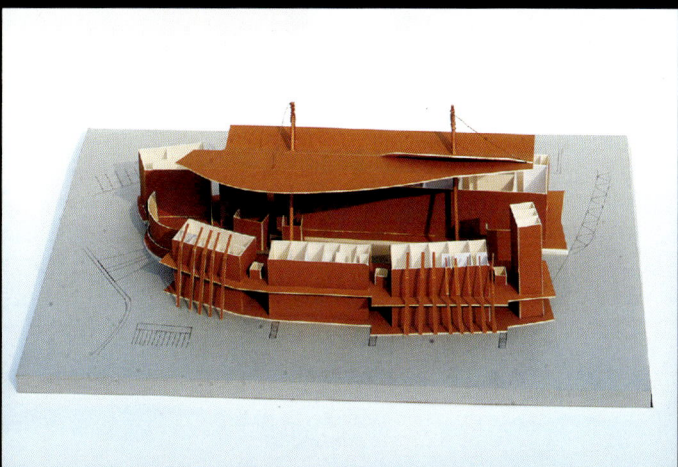

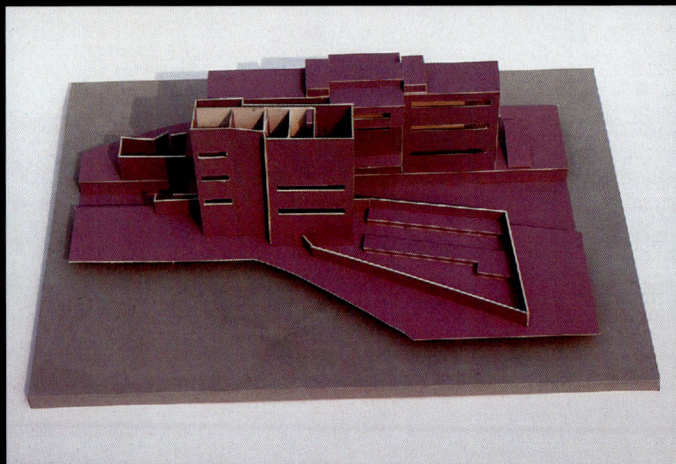

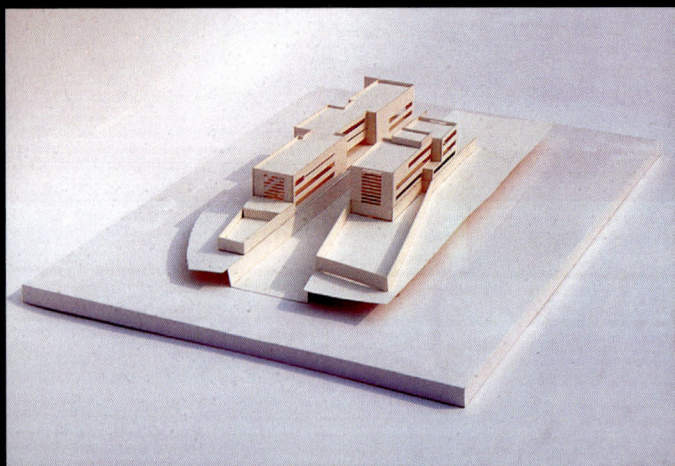

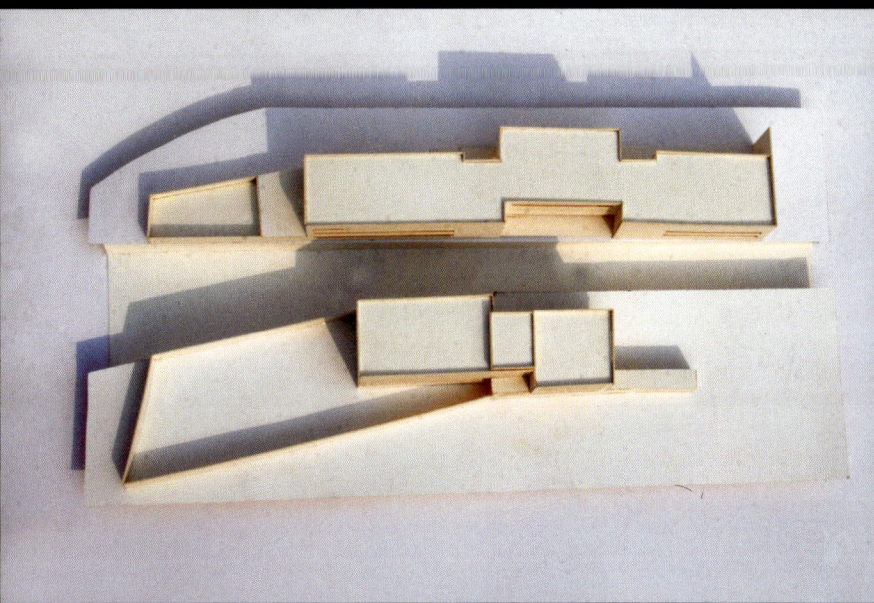

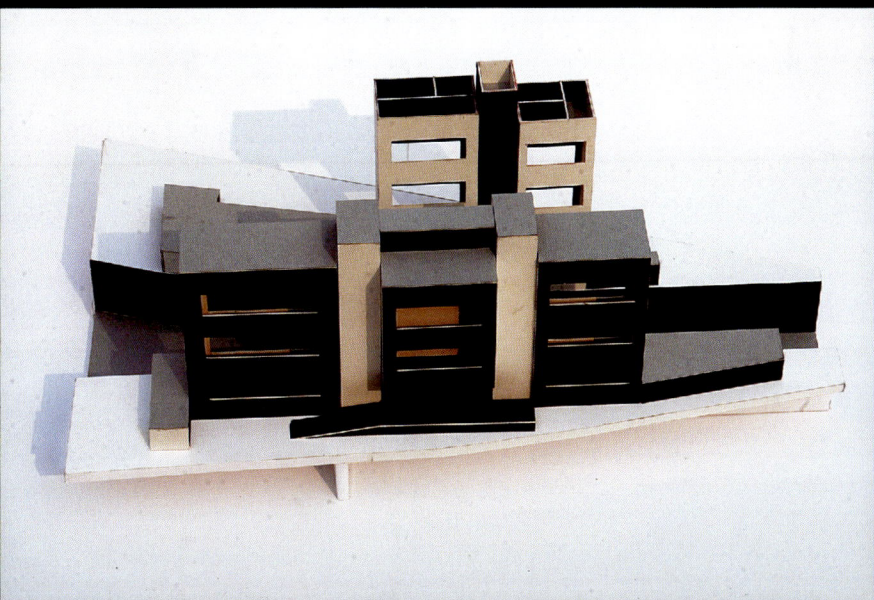

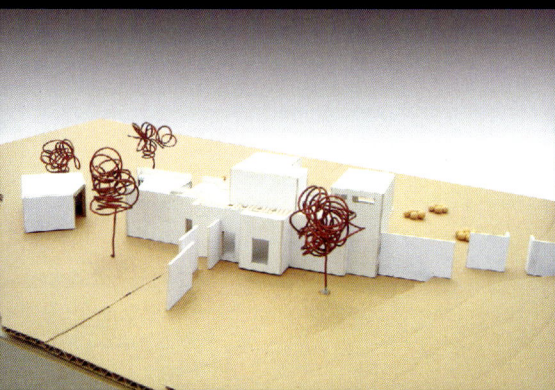

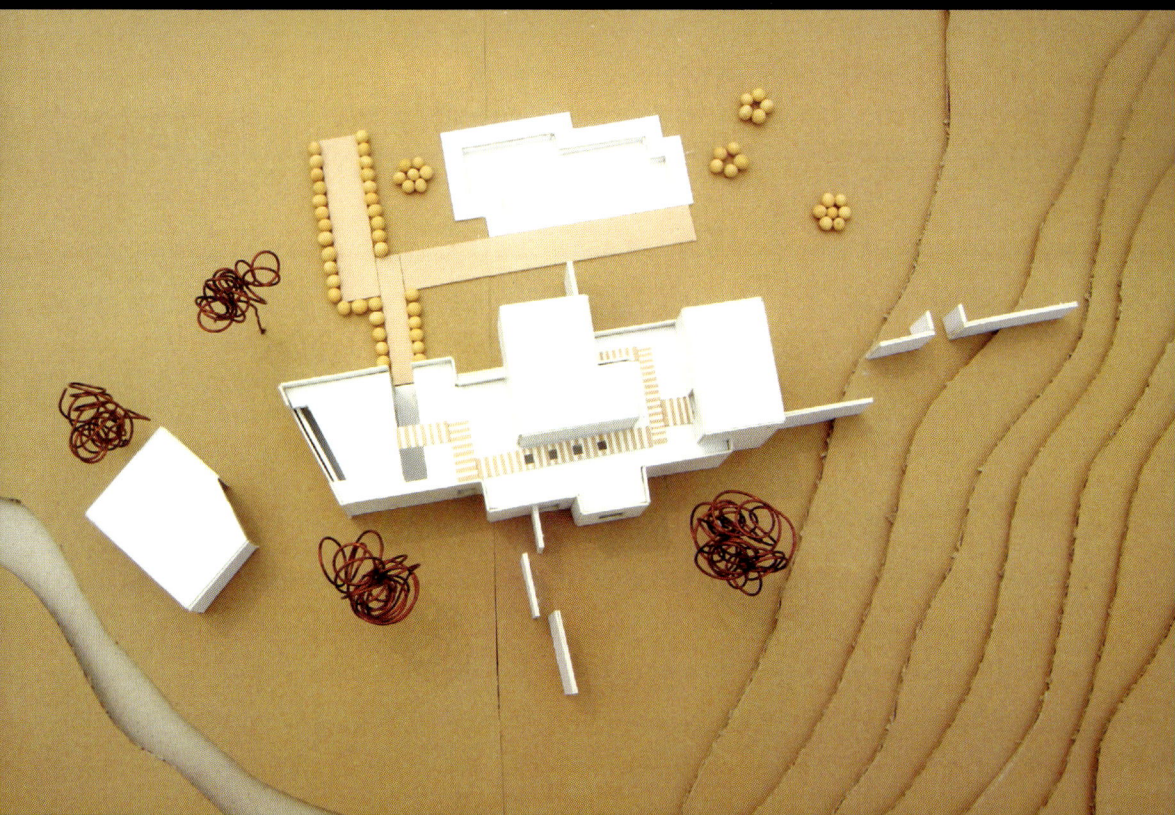

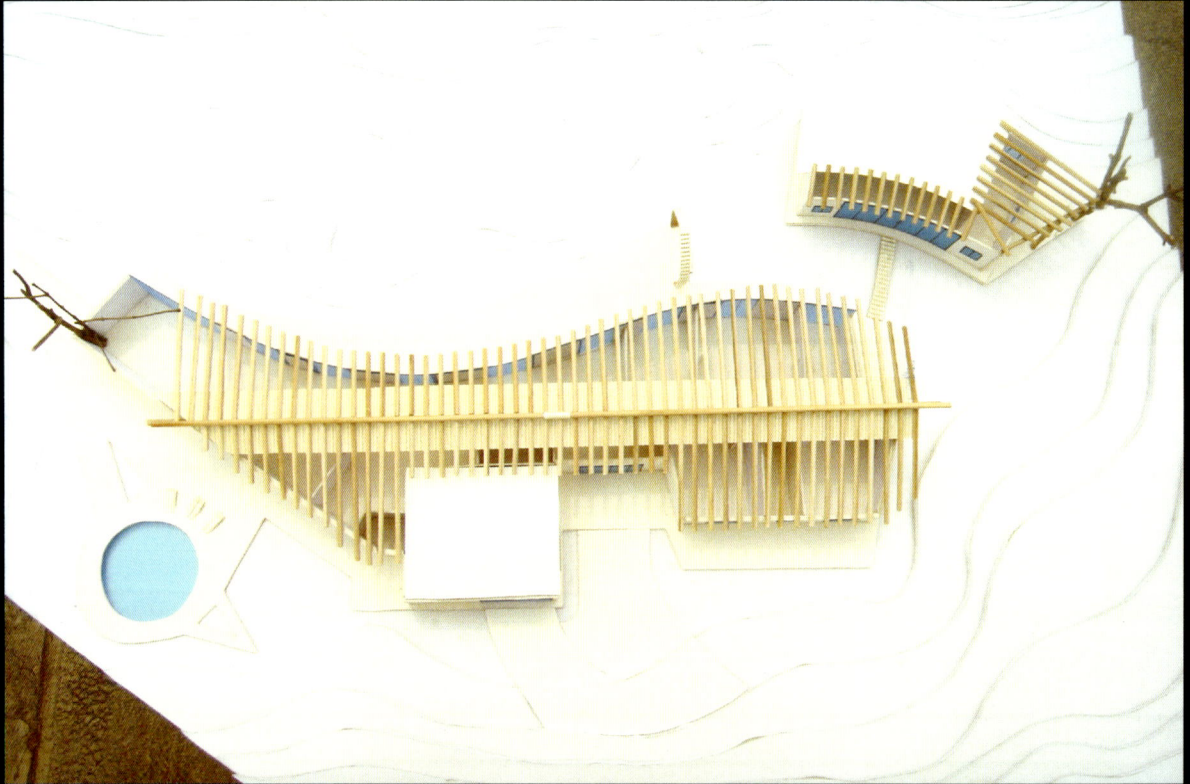

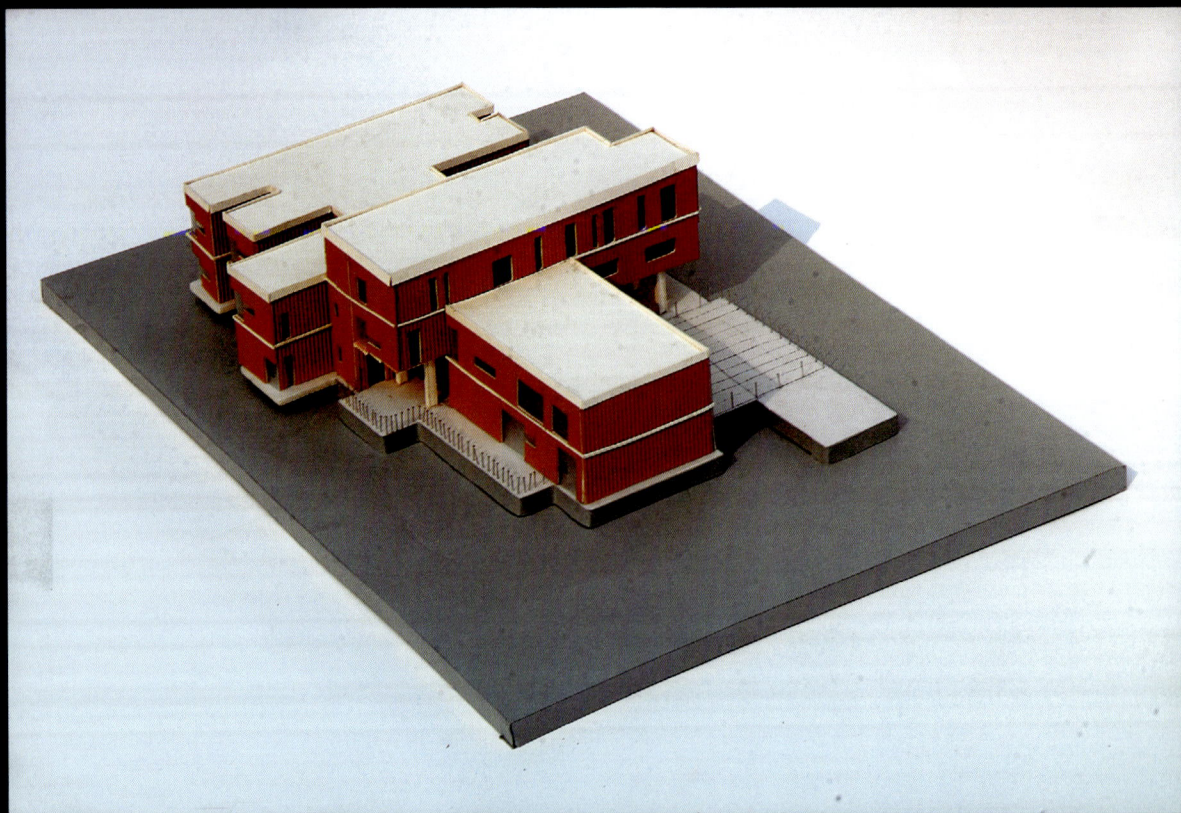

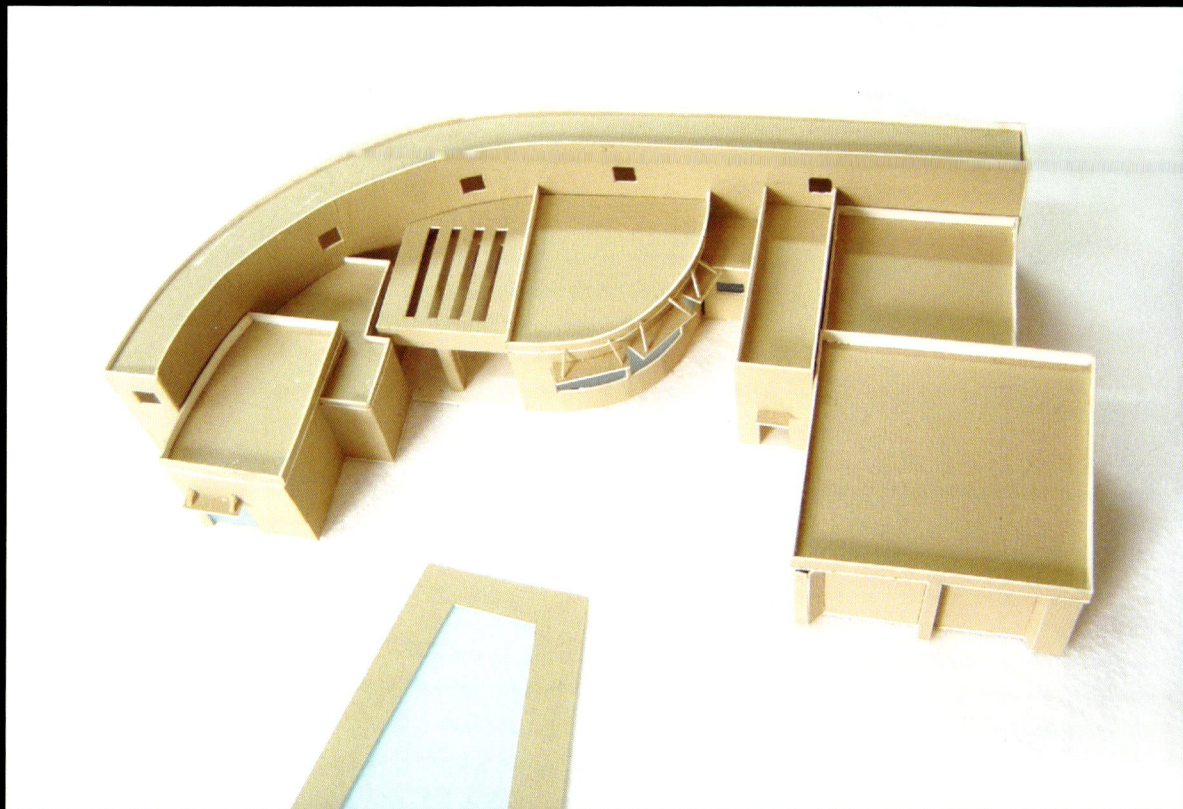

参考文献

彭一刚　空间组合论　中国建筑工业出版社　2005

程大锦　建筑：形式、空间和秩序　建筑情报季刊杂志社／天津大学出版社　2005

黑川纪章（日本）　中国建筑工业出版社　2004

斯蒂芬·伯拉德（德）　汉斯·罗易得（德）　开放空间设计　中国电力出版社　2007

诺曼·K·布思.（美）　风景园林设计要素　中国林业出版社　2006第三版

建筑设计资料集　中国建筑工业出版社　1994第一版

刑日瀚主编　景观黑皮书　香港科文出版公司出版　2006

建筑实录　室内专辑　辽宁科学技术出版社　2009

朗世奇　建筑模型设计与制作　中国建筑工业出版社　2006

蓝先琳　中国古典园林大观　天津大学出版社　2002

段邦毅　空间构成与构造　中国电力出版社　2008

张芷岷　建筑设计基础　中国轻工业出版社　2001

GA DOCUMENT（日本）　世界建筑杂志

部分作品作者名单

（排名不分先后次序）

刘　凡	张大琪	谢　丹	王雨昕	张　成	赵　龙
刘　超	李　伟	刘　伟	王笑竹	张春伟	张　涛
郭　蕾	臧　园	江　娟	李　妮	吴亚之	胥　辉
刘玉玉	肖　磊	蔡卓卓	陈　鹏	冯佩珠	杨小西
李飞宏	李静雯	李　哲	吴岩琳	郑　磁	赵珏影
王　琳	桂慧芳	赵　巍	杨新伟	李方舟	尹晨旭
武艳阳	闫旭蕾	史晨曦	曹　扬	武钰涵	王红霞
李　雯	张思柔	寇若庭	姜　军	王　鑫	

　　本书在编写和调研过程中参考了大量的文献和网络信息，在这里对相关人员表示感谢！同时得到了刘长缨、曹宏岗、杨晓飞、程涛等大力的支持，为修订提出许多有价值的建议。并得到陕西省艺术研究所、西安交通大学、西安美术学院、西安建筑科技大学的大力支持。对提供部分稿件的署名及未署名的学生和作者表示衷心地感谢！